les îles sous la mer

les îles sous la mer

MICHEL PIGNERES

Printed in France
ISBN 2 85119 017 2

table des matières

L'AVENTURE : ce mot magiqu

e conjugue avec évasion, liberté...

... goût du risque, soif de connaître, découverte. Aussi, de tout temps, elle a représenté pour certains êtres, la quintessence de la vie, avec son risque suprême : la mort. Mais sans aller au bout de l'épreuve, les dangers courus vous laissent dans la bouche, un goût âcre et vous offrent la chance de goûter la joie de vivre, comme le bateau désemparé qui trouve l'abri d'une crique calme après la tempête. De notre temps, où tout devient possible, sans quitter notre planète, il existe tout un monde à découvrir. Sous le miroir sans tain de la mer, on entrevoit déjà les merveilles offertes. L'éventail est immense, et il faut savoir abandonner le premier attrait, le plus facile, la pêche pour découvrir les passions que peuvent vous apporter la photo, le cinéma, la biologie, animale et végétale, la recherche des coquillages, des épaves, l'archéologie. Chaque branche représentant en elle-même, un monde qu'il faut étudier à fond pour le connaître un peu.

gamma

11, rue des Petites - Écuries

75010 PARIS (France) - 770.64.46

4

17336 - LE CAIRE - 6 OCTOBRE 1980

Ces photos de la célébration de la guerre du Kippour datent de l'an dernier. Une année plus tard, une tentative d'assassinat contre le Pédident SADATE avait lieu au mêmm endroit, à la même heure.

THESE PHOTOS ARE ARCHIVE DOCUMENTS OF THE MILITARY CELEBRATION OF THE 197 WAR AGAINST ISRAEL. A YEAR LATER, AT THE SAME SITE, AN ASSASSINATION ATTEMP ON THE LIFE OF EGYPRIAN PRESIDE NT ANWAR SADAT , TOOK PLACE.

PHOTO: Barry IVERSON/GAMMA 155817

108%

PRÉFACE

L'aventure avec un grand A, beaucoup en parlent mais bien peu la vivent ; elle ne se donne qu'à ceux qui, épris d'espace et de liberté et animés de la soif de voir et de connaître, savent renoncer aux routines faciles et aux attraits de la vie citadine pour affronter les éléments, les événements, les hommes et finalement eux-mêmes, dans une perpétuelle tentative de se surpasser.
Michel Pignères fait partie de ces hommes de caractère qui dominent leur destin au lieu de le subir, et il a su orienter et organiser sa vie pour la consacrer totalement et amoureusement à une passion exclusive, LA PLONGÉE SOUS-MARINE, avec pour principaux corollaires la photo et le cinéma subaquatique, dont il est devenu un excellent spécialiste.
En ce dernier quart du XXe siècle, il n'y a plus de taches blanches sur les cartes terrestres et l'ultime domaine de l'aventure, c'est bien la mer immense qui nous entoure, univers fascinant et encore largement inexploré et inconnu, vaste champ d'actions, d'observations et de découvertes, et aussi sources de joies infinies pour celui qui, chevalier des temps modernes, participe à la grande conquête du « sixième continent » où l'humanité cherche son destin.
Michel Pignères a choisi de nous conter les îles, mélange de terre et d'eaux avec un peu de ciel, éternel sujet de rêve et d'évasion, et il l'a fait avec poésie et en même temps réalisme, nous donnant envie de visiter ces terres lointaines dont il a rapporté de splendides images.
En lisant ce livre, ceux qui n'ont pas la chance de voyager et de plonger participeront à quinze ans d'expéditions aux quatre coins du monde et ils pourront ainsi vivre, par la pensée, de merveilleuses Aventures.

Jacques Dumas.

Président de la Confédération Mondiale des Activités Subaquatiques

1

mer méditerranée

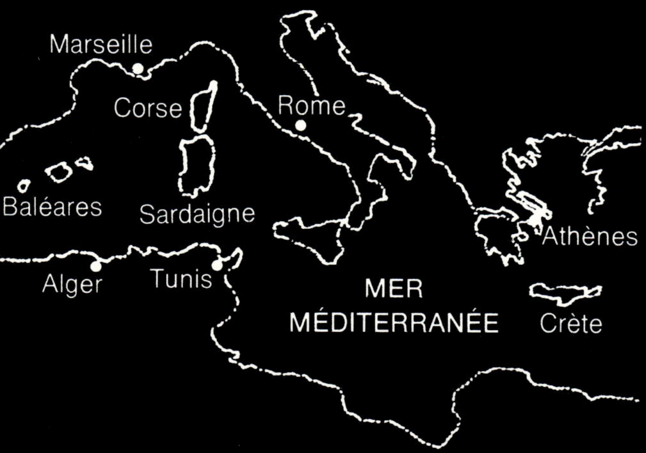

A la grande époque des safaris, déjeuner au camp de base.

NAISSANCE DE L'ÉQUIPE

Attiré par la mer dès mon enfance, j'ai eu la chance d'être parmi les premiers à découvrir la pêche sous-marine à Alger pendant la guerre, avec le côté rudimentaire et artisanal de l'époque. Mais je me rappelle encore les criques désertes près de Tenès où le poisson abondait. Les premières images du paradis sous-marin sont restées gravées dans ma mémoire comme étant le premier maillon de la chaîne.

Les années ont passé. J'ai recommencé à pêcher dans le midi, en Espagne et en Italie, avec mon meilleur ami Claude. Je l'ai initié à ce nouveau sport ; conquis, il est devenu le premier membre de l'équipe. Dès lors ont commencé pour nous, inséparables, une suite d'aventures cocasses, dangereuses parfois, toujours passionnantes.

Pour dépasser le stade du simple passe-temps de vacances, il nous fallait trouver du nouveau, comme l'alpiniste chercher des premières.

Alméria : au bout de la route de Malaga, avec ses kilomètres de côtes abruptes et inaccessibles par terre, cet endroit était à l'époque fabuleux. Nous partons en voiture à travers les champs de sisal et nous nous engageons dans les défilés des montagnes. Décor magnifique où seront tournés, plus tard, les films de far-west européens. Au détour d'une piste, nous découvrons le paradis sauvage : San Rose.

Village d'une dizaine de maisons blanches, sans eau ni électricité. Nous nous installons chez Sébastien, le pêcheur local, qui nous emmènera chaque jour dans sa barque à rames pêcher les mérous et les liches qui abondent parmi les éboulis de rochers de cette côte sauvage. L'eau est toujours très chaude et c'est notre premier paradis. Un jour, Sébastien nous emmène sur un sec au large. Nous nous mettons à l'eau et découvrons les premiers thons. Et soudain, médusé, je vois passer un énorme thon remorquant mon ami Claude, qui l'avait tiré sans réaliser une seconde qu'il n'avait aucune chance de le tuer. Très vite agacé par cette piqûre, la bête donne un coup de queue violent et renvoie sa flèche tordue en forme d'épingle à nourrice. La tête de Claude, avec sa flèche à la main, me donne un tel fou rire que j'en bois la tasse.

Signe du destin, dans cet endroit perdu, presqu'inconnu, était venu peu de temps auparavant, celui qui devait devenir le numéro quatre : Yves.

Enchantés par cette première expérience, nous décidons de continuer et nous partons pour Djerba où nous arrivons par la voie romaine, digue au ras de la mer où l'on croise les chameaux chargés de fourrage. Ile pleine de charme, avec ses palmeraies, ses grandes plages de sable fin, la vieille synagogue d'Oum Souk, le pittoresque port d'Adjim et son vieux fort barbaresque. Sans oublier le club où le chasseur sous-marin peut changer de terrain et de proies.

Nous voici à Adjim ; nous avons loué une barque du pays avec son pêcheur : Ahmed. Départ à la voie triangulaire, que nous retrouverons dans tout l'Orient et découverte de ces fonds sableux avec les petits mérous de sable, clairs et bien tachetés. Quelques rares pastenagues, mais ce seront des mérous que nous prendrons, surtout dans la passe où le courant de quatre à six nœuds vous fait défiler le paysage comme au cinéma.

Pas question de manquer un coup et de vouloir revenir en arrière ; il faut au contraire plonger avant et laisser le courant nous porter jusqu'à la bête aperçue au loin. C'est une technique spéciale.

Nous découvrons aussi les pêcheurs locaux, sans palmes, avec des lunettes artisanales, plongeant avec un crochet de fer. En fouillant dans les trous de sable, ils arrivent à sortir de petits mérous, au prix de nombreuses plongées, les mains et les avant-bras couverts de blessures.

Nous essayons d'aller pêcher en Libye, mais nous sommes gardés à vue au poste-frontière de Ben Gardanne. Nous prenant pour des espions, ou notre tête ne lui revenant pas, le chef de poste ne nous relâche qu'après avoir téléphoné à l'hôtel et pris des renseignements. Ainsi se terminera notre odyssée à Djerba.

Nudibranche : Spurilla neapolitana.

L'hiver passe, et au printemps nous préparons notre première expédition en mer Rouge, rêve lointain du plongeur. C'est après le débarquement de Suez, la première année où les étrangers sont admis en Egypte. Nous faisons partie d'un groupe où nous rencontrons la télévision française, avec l'équipe des « Coulisses de l'Exploit » dirigée par Jacques Ertaud. Nous arrivons au Caire, où nous avons la surprise de nous voir attribuer comme surveillant un responsable de la censure. Il était même prévu au début de lui confier chaque soir les caméras et les appareils photo. Cela s'arrange et nous découvrons Hurgadah avec son drapeau bleu marqué du requin. Nous louons des vedettes à moteur et partons plonger aux îles Djifatin, situées en face à quelques miles. Et c'est vraiment la découverte des eaux tropicales, où la beauté des coraux, des alcyonnaires et de la végétation nous fascine, autant que le monde des poissons, de coraux rutilants de couleurs, avec leurs formes étranges. Nous contemplons le ballet des poissons-chirurgiens broutant les coraux à côté des tétrodons impassibles, semblables à de petits coffres-forts ambulants. Plus loin, des groupes de mérous tropicaux rouges à pois bleus et bleus à pois jaunes glissent à travers le corail. Les bancs de carangues au front busqué défilent devant nos palmes, sous l'œil des gaterins immobiles groupés sous les parasols de coraux.

Jacques Ertaud, venu pour filmer, nous fera jouer les méchants tireurs et nous passerons aux « Coulisses de l'Exploit » en automne.

A cette occasion, je connaîtrai mon premier incident grave de plongeur. En exploration à quarante mètres, le caméraman me montre une grosse raie dans une

Les îles Lavezzi et le détroit de Bonifacio, vus d'une crique de Cavalo.

grotte et me fait signe de la tirer. J'obéis, et pour la garder devant la caméra, je lutte pour l'empêcher de s'éloigner. Au bout de quelques minutes, je suis pris d'un essoufflement. C'est une impression terrible car plus on respire, plus l'air vient à manquer, et malgré un terrible effort de volonté pour raisonner et essayer de ralentir le rythme respiratoire, celui-ci s'accélère. Heureusement, j'ai le réflexe de remonter et vingt mètres plus haut, j'arrive à reprendre mon rythme normal. Cette expérience me sera salutaire et je saurai dorénavant mesurer ou moduler l'effort en fonction de la profondeur.

Parmi notre groupe, il y avait le Docteur M..., chasseur passionné qui racontait ses exploits de Méditerranée et faisait preuve d'un dynamisme forcené. Le premier à l'eau, le dernier rentré, jusqu'au jour où, parti comme d'habitude, le bateau à peine ancré, nous le voyons revenir deux minutes plus tard sur la pirogue des marins, sans armes, ni sourire. Il nous raconte qu'après avoir harponné un mérou, il avait été chargé à plusieurs reprises par un requin « énorme », évidemment, et qu'il n'avait dû son salut qu'à un bloc de corail sur lequel le marin l'avait trouvé réfugié. Ce qui s'est passé personne ne l'a vu, mais ce qui est certain, c'est qu'il en fut si marqué, qu'il prenait l'avion le lendemain.

Nous ferons une expédition à Chadwan, où nous passerons deux jours excellents, couchant dans les rochers de cette île déserte. Notre nacouda est le célèbre Moussa, dont parle Monfreid dans ses livres. Figure légendaire, il fut présenté à Khrouchtchev, lors de sa croisière en mer Rouge. C'est lui qui nous emmène à Shark Bay où nous rencontrons nos premiers requins à pointe blanche, le *Tiaenodon obesus* : requin familier des massifs de coraux, plutôt craintif, rarement agressif. Nous découvrons les requins de sable, gros dormeurs inoffensifs avec de petits yeux clairs et des barbillons. Nous avons la chance d'approcher un *Alopius*, magnifique renard-léopard qui fait le bonheur des photographes.

L'équipe de télévision étant partie, nous formons un groupe avec les nouveaux et louons un autocar pour descendre dans l'extrême sud, jusqu'à Bérénice, célèbre ville où, autrefois, la Reine de Saba faisait extraire ses émeraudes.

A travers le désert, nous croisons les caravanes de chameaux qui remontent vers le nord et nous arrivons à Kosseir que je retrouve tel que l'avait décrit Monfreid dans « La Route du Haschich », un petit village jailli du passé avec sa rade où les boutres sont couchés sur le sable pour être carénés, ses maisons aux balcons de bois sculpté et les moucharabiez derrière lesquels se cachent les femmes voilées. Le vieux fort avec ses canons en bois de l'éternel trafic de l'eau, la denrée rare, qui se fait aussi bien dans des boîtes de fer portées sur la tête que dans de vieux tonneaux traînés par les ânes. Nous quittons le passé pour continuer, arrêtés tous les vingt kilomètres par les barrages de la police du désert, antiques guerriers montés sur des chameaux. Nous arrivons enfin couverts de poussière devant Bérénice, devenue base militaire, interdite au public. La pancarte étant écrite en arabe et le fonctionnaire du poste ayant dû aller satisfaire un besoin naturel, nous rentrons et arrivons au milieu du camp, créant l'affolement des officiers : violation de secret militaire. L'affaire aurait pu être grave, sans le commandant de base, qui parlait français et qui prit le parti d'en rire. Mais nous devrons repartir, sans connaître les eaux de Bérénice et les rivières de diamant. C'est pendant ce voyage que je rencontre le numéro trois de l'équipe : Bob. Nous sympathisons immédiatement et passons huit jours ensemble, à plonger et à photographier. La découverte du monde de corail nous a ouvert la voie de nos futures expéditions.

Petit poisson blennie (Tripterygium triptenotorus) *au milieu d'une colonie de coelentérés* (Caryophyllia) *dont certains polypes sont ouverts.*

Spongiaires (Habiclona mediterranea) *à travers lesquels apparaissent des polypes de coelentérés.*

2

mer rouge
sept frères

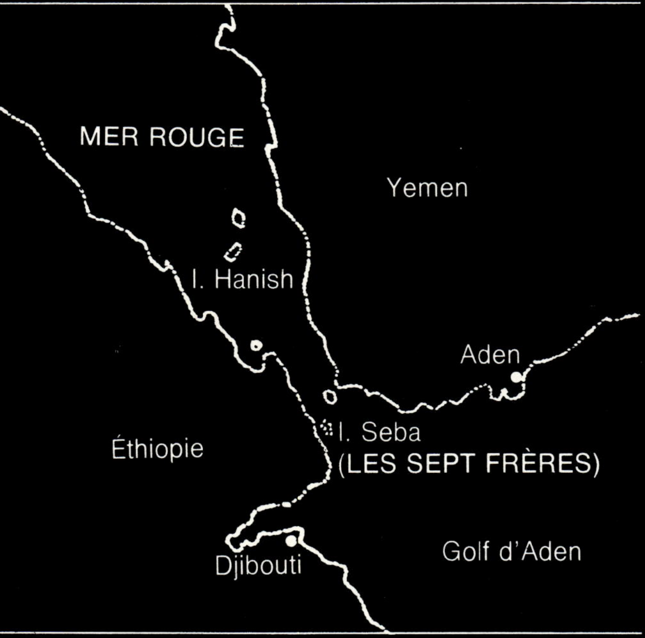

Boutres au mouillage dans la baie de Rasiane, ancien port de l'Antiquité où Ptolémée faisait embarquer ses éléphants.

Notre boutre La Mer Rouge *devant l'île aux deux pics au sud de la grande Hanish.*

En plongée à quarante mètres, Yves retrouve son ami le mérou.

Sortant de son abri, une murène-léopard (Gymnothorax favagineus).

P. 2
Notre ami le mérou donne Claude la preuve de s amitié en venant se fai caresse

La mer Rouge nous ayant révélé l'entrée du paradis, j'ouvre ma carte marine, et je suis aussitôt attiré par le détroit de Bab el-Mandeb, carrefour entre l'océan Indien et la mer Rouge, l'Afrique et l'Asie. Je décide de monter une expédition et j'en parle à Jacques Ertaud, qui est aussitôt d'accord. Ce sera notre premier grand safari avec l'équipe des « Coulisses de l'Exploit » : Charles Santini, Jean-Pierre Lamouroux et Gaston Chaudouet. Un quatrième membre se joint à notre équipe Yves Lecasble, qui deviendra l'ami fidèle de tous les safaris.

Nous débarquons à Djibouti qui nous verra ainsi pendant dix ans et où nous serons baptisés et connus sous le nom des « Daltons ». C'est le début d'une série de grandes aventures avec tout le processus que cela comporte : la préparation à Paris, les contacts à établir, la location d'un bateau, l'envoi d'une tonne de matériel — photo-cinéma, groupe électrogène, bouteilles, compresseurs, zodiac, etc. — l'arrivée à l'aube et la descente de la passerelle de l'avion dans une chaleur tropicale. L'équipe se scinde en plusieurs groupes, avec des tâches précises à accomplir dans la journée. Claude récupère le matériel, le vérifie et le fait charger sur le boutre, retenu six mois à l'avance. Yves et Bob font le ravitaillement, vivres, eau, essence. Je passe ma journée à contacter la Marine Nationale et l'Armée de l'Air, qui nous fourniront chaque fois une aide précieuse avec une immense gentillesse. Je ne pourrai jamais assez remercier tous les membres de ces deux corps pour l'amitié qu'ils nous manifesteront.

Après un déjeuner au célèbre « Palmier en Zinc », nous nous retrouvons le soir sur le quai aux boutres, heureux et exténués. Tout est paré pour le moment merveilleux : les marins hissent la grande voile triangulaire et le boutre multicolore s'avance sur une mer plate aux eaux cristallines, baignées par le coucher de soleil. Sur le pont, quatre hommes regardent vers le lointain avec un cœur énorme qui a retrouvé son rythme de vingt ans.

Nous gagnons Obock, où nous arrivons en pleine nuit. Nous débarquons nos lits Chaillet sur la petite jetée, ce qui va occasionner une certaine surprise au

« Mongol » (le commandant de cercle). En ouvrant ses volets à l'aube, il aperçoit, alignés sur la jetée, huit lits militaires avec des gens endormis. La nôtre sera d'être réveillés par la Légion étrangère, faisant du cross en short avec des brodequins.

Un jour de mer sans histoire et nous arrivons à l'Archipel des Sept Frères. Six îles en plein milieu du détroit, la septième « Rasiane » étant rattachée à la terre. « Les îles du bout du monde » les surnomme Ertaud. Volcaniques, des morceaux de pierres et de coraux, sans végétation aucune et sans abri. Nous montons notre camp à l'île basse ; il nous faudra un après-midi complet pour tout débarquer.

Dégoulinant de sueur, je me jette à l'eau et, à la première seconde, je sais que j'ai gagné. Cet endroit est fabuleux, centre de passage entre deux mers, peut-être même centre de reproduction ; à l'abri de l'homme (pour combien de temps ?), il nous offre toutes les espèces en bancs immenses, les plus gros sujets, allant même jusqu'au requin-baleine. C'est le ballet de centaines de carangues tournant autour de nous, dans une ronde incessante, les barracudas passant comme un jet de flèches argentées. Le lagon de l'île avec ses poissons de coraux multicolores, ses formes madréporiques étranges et colorées, ses coquillages vivants, offre des eaux calmes, turquoise, qui ne sont troublées que par un prédateur en chasse ou une murène-léopard se faufilant à travers les coraux. C'est vraiment selon l'expression de Gorsky : l'aquarium de Dieu. Jacques Ertaud pourra filmer les requins attirés par les carangues blessées, des raies-léopards s'enfuyant en battant des ailes et une grosse loche (mérou géant de cent cinquante kilos) qui sera tuée pour les besoins du film.

MON AMI LE MÉROU

Des années de plongée révèlent la vie du monde sous-marin et permettent d'en approcher les habitants ; comme le chasseur on est amené à étudier le comportement des animaux et leur manière de vivre. Certains ont des réactions primaires, souvent de défense ou d'attaque engendrées par le problème per-

26
diodon gonflé dans un mouvement de fense.

manent de survie. D'autres, par contre, possèdent une intelligence comparable à celle de l'homme. C'est dans la gamme des mammifères que l'on trouve les deux sujets les plus évolués. Décrit par Robert Merle comme un animal doué de raison, le dauphin fait depuis de nombreuses années l'objet d'études approfondies. Récemment, aux États-Unis, grâce à un transcodeur, on a pu établir un dialogue avec cet animal et ainsi lui faire comprendre et exécuter des directives.

Les anecdotes sur les dauphins sont nombreuses, mais la dernière dont j'ai été informé m'a laissé rêveur. Au large des côtes françaises, un bateau se dirigeait vers le large ; tout à coup apparaît un banc de dauphins qui se précipitent devant l'étrave du bateau et commencent à exécuter un numéro de sauts particulièrement étourdissants. Intrigué par leur insistance et l'étrangeté de leur numéro, le capitaine ralentit et stoppe. Et quel n'est pas son étonnement de voir tout à coup trois dauphins apporter jusqu'au bord du bateau un petit qui semble avoir du mal à nager. Les marins hissent à bord la bête. Ils l'examinent et se rendent compte qu'elle a une tumeur sur son évent, qui l'empêche de respirer. Ils essayent de l'opérer, mais malheureusement, ils ne peuvent rien faire et l'animal meurt. Pendant tout ce temps, les dauphins étaient restés autour du bateau, presque immobiles, attendant le miracle qu'ils étaient venus demander à l'homme. Et lorsque les marins, quelque

Une murène-léopard (Gymnothorax favagineus) en chasse, se faufilant à travers des coraux mous (Alcyonaires).

peu émus, remirent le petit dans l'eau, ils virent les dauphins faire un dernier tour autour du bateau, comme en signe de remerciement et disparaître.

Son cousin, l'orque, dont la taille peut atteindre douze mètres, est un cétacé à la robe noire avec le ventre blanc et une tache blanche derrière l'œil. C'est le tueur le plus redoutable du monde marin, qui toutefois ne semble jamais s'être attaqué à l'homme. Dotés d'une mâchoire redoutable, ils chassent comme les loups, en bande, poursuivant les troupeaux de baleines, qu'ils rabattent vers les rivages où elles s'échouent. Sans défense dans les eaux peu profondes, les baleines deviennent alors la proie de ces terribles carnassiers qui, paraît-il, ont une prédilection pour leur langue. Une anecdote dont je ne garantis pas l'authenticité court sur cet animal. Ces animaux se trouvent dans toutes les mers du monde et même dans les mers australes glacées. Repérant des pingouins juchés sur de petits morceaux de banquise dérivant, ils s'empressent de faire le tour du bloc de glace et, soulevant un bout de cette banquise, font glisser les pingouins à la mer. Contournant rapidement ce bloc, ils sont là, attendant le menu, comme un parfait gastronome à table.

Il y a quelques années, des orques ont été capturés dans des filets, vivants, et emmenés en captivité dans des bassins. Leur étude révéla une intelligence prodigieuse et on les dressa comme les dauphins, leur faisant réaliser les numéros les plus inédits.

Parmi les poissons, certaines espèces se laissent approcher et même apprivoiser par le biais de la nourriture. Les balistes ou poissons-clowns, très friands d'oursins deviennent parfois familiers. Certaines murènes sortent de leur trou pour venir manger à la main les morceaux de poissons qu'on leur offre et certains semblent même être arrivés à les caresser.

J'ai connu en Israël à Sharm-el-Sheik, un poisson-ange (*Pomachantus imperator*) qui était devenu un familier des visiteurs. Dès votre arrivée, il venait vers vous et ne vous quittait pas avant que vous ne lui ayez ouvert une huître, dont il était très friand. Mais de tous les poissons, seul le mérou semble capable d'établir des relations avec l'être humain. Le célèbre Jojo, le mérou apprivoisé de Léo Milliand fut une des vedettes de la côte d'azur, que beaucoup de plongeurs connurent. J'ai eu la chance de vivre une aventure semblable.

Dans l'extrême sud de la mer Rouge (je préfère taire l'endroit exact), nous avions l'habitude, depuis plusieurs années, de plonger dans des îles désertes. Un jour, nous nous étions aventurés à l'extrême pointe d'une île qui donnait sur le large et nous plongions le long d'une grande arête rocheuse. Des bancs de carangues arrivaient du large et l'un de nous en tire une. Alors qu'elle gigotait au bout de la flèche et que nous allions la remonter, nous voyons surgir un gros mérou qui se précipite sur la carangue et essaie de l'emmener. Nous réussissons à la lui arracher et pendant qu'elle remonte, je remarque le mérou qui reste en dessous de nous, à la fois furieux et intéressé. Intrigué, je réalise aussitôt qu'une chance m'est offerte. Je me fais donner le poisson et je descends vers cet animal qui attend toujours. Je le lui tends sans qu'il semble effrayé. Le mérou se jette sur la carangue et l'avale sous mes yeux.

Le processus était engagé et, dès le lendemain, je revins, muni d'un poisson que j'avais pêché avant de plonger. Au début, je le retrouvais pratiquement au même endroit. Il attendait, confiant, notre arrivée et la nourriture que nous lui apportions. Petit à petit, une complicité, puis une véritable amitié s'est établie entre nous. Un jour, ne le trouvant pas, nous avançons vers le large et l'apercevons, semblant nous attendre le long d'une forêt d'arbres blancs. Dès qu'il nous aperçoit, il part doucement dans une direction, puis s'arrête, comme pour nous faire comprendre qu'il nous attend. Nous le suivons et, ce jour-là, il nous emmène dans un dédale de coraux merveilleux, vers sa tanière, située au milieu d'une grande crique rocheuse, au bout de l'île sous-marine. C'est un grand cirque naturel qui descend jusqu'au sable, à soixante mètres, avec une grande paroi rocheuse dans laquelle, il y a plusieurs failles et la grotte où il vit. Il nous avait fait comprendre que c'était là son domaine. Et dorénavant, nous plongeons chaque fois à cet endroit précis pour le retrouver, car il nous attend, sachant que nous allons revenir.

Il a des réactions et des mimiques dignes d'un être humain, car ce qu'il désire, c'est qu'on lui pêche un poisson vivant et qu'on le lui donne. Il attend qu'on l'ait capturé et qu'on enlève la flèche du poisson. Pendant ce temps-là, il reste près de nous, pratiquement entre nos jambes, se laissant caresser.

Un jour où nous tardons à tirer un poisson, il fonce même sur un banc de carangues qui passent, comme pour nous montrer les proies qu'il veut. Il y a évidemment quelques anicroches, comme le jour où trop pressé, il voulut avaler la carangue et se prit dans le fil de la flèche qui traînait. Ce fut tout un travail pour arriver à retirer le fil qu'il avait dans la gueule, et qu'il avait emmené dans sa grotte. Il était capable d'avoir des réactions de bonne humeur, lorsqu'on avait la chance de trouver un poulpe, ce qu'il appréciait au plus haut point, et de mauvaise humeur lorsqu'on s'amusait trop de lui.

Voulant filmer le moment où on lui donnait le poisson et où il l'avalait, j'avais demandé à Yves de faire traîner un peu l'opération. Yves prend donc le poisson dans sa main, le lui montre et lorsque Léon, car nous l'avions baptisé Léon, fonce vers lui, met le poisson derrière son dos. Il répète ce manège plusieurs fois. Mais au bout d'un moment, Léon agacé le regarde bien en face, fonce vers lui et lui mordille la jambe, pas méchamment, mais d'une manière quand même assez ferme, pour lui faire comprendre qu'il n'aime pas qu'on se moque de lui.

Mais ce que je trouvais le plus merveilleux était sa manière de montrer son amitié. Après avoir pris son déjeuner, parfois des carangues qu'il arrivait à peine à avaler, au lieu de partir digérer tranquillement dans sa grotte, il restait près de nous et venait même se faire caresser. Il s'était même établi un rite. Yves s'allongeait sur le sol et attendait en tendant la main. Cette scène dont je garde un souvenir attendri, je l'ai filmée plusieurs fois. D'une nage nonchalante parfois en faisant des ronds, Léon s'approchait avec son œil malicieux et passait lentement le long de cette main pour se faire caresser. J'éprouvais chaque fois une joie immense en voyant la confiance et l'amitié que nous témoignait cet animal. Et lorsque nous partions rejoindre la surface, il nous accompagnait très longtemps. Nous le regardions avant de sortir de l'eau, en sachant qu'il nous attendrait au même endroit le lendemain.

Cela dura deux ans. Puis l'année suivante, nous avons décidé de changer d'endroit, pour aller explorer les Dahalaks. Expédition intéressante, différente des précédentes, où il manquait évidemment la densité fabuleuse de faune à laquelle nous étions habitués. Aussi je décide de revenir dans notre paradis.

Aussitôt arrivé, je m'équipe et je pars plonger à notre fameux endroit. Et en descendant dans le bleu j'ai quand même un doute, car je me demande si Léon est toujours en vie et surtout s'il nous reconnaîtra. Je longe rapidement la forêt blanche et j'arrive au-dessus du tombant. Je parcours l'horizon, quelque peu inquiet. Mais il ne se passe guère que quelques minutes avant que je le voie foncer vers moi, m'entourer, me passer entre les jambes, comme pour fêter mon retour. Mon cœur battait fort, car pressé d'arriver, j'avais certainement palmé trop vite, mais il battait aussi de la joie de retrouver un ami, mon ami le mérou.

OPÉRATION SURVIE

Tout a commencé un matin de mai 68, par l'arrivée tardive du dragueur de mines que nous attendions depuis huit jours. Nous venions de passer quinze jours aux îles Hanish et nous étions à la veille de notre retour. Pendant le déjeuner, le commandant nous explique qu'une mission de surveillance l'avait retardé et qu'il devait rentrer le soir même pour Djibouti. Notre trajet de retour sur notre boutre durant deux jours, il me vient aussitôt à l'esprit une idée : pourquoi ne pas partir avec le bateau de guerre, nous faire déposer au passage sur les îles Seba qui sont à mi-chemin et ainsi gagner un jour de mer. Tout le monde est d'accord et immédiatement, nous levons le camp, chargeant notre matériel sur le boutre. Nous embarquons sur le dragueur, en tenue de plongée avec nos fusils et notre zodiac. En fin d'après-midi les deux bateaux gagnent le large, et en peu de temps, nous voyons disparaître à l'horizon notre boutre à qui nous avons donné rendez-vous le lendemain midi à l'île basse des Seba.

Nous dînons à bord et nous sommes heureux de retrouver l'ambiance de « La Malouine », un bateau que nous connaissons bien. Vers onze heures, le commandant nous signale qu'il est en vue de l'île basse et nous demande de nous équiper. Le zodiac est descendu le long du bateau qui a ralenti, sans plus, et nous embarquons sous la douche chaude de l'eau des machines, tel un commando en pleine nuit. Le bateau s'éloigne à l'horizon et nous nous retrouvons dans le noir complet, face à une silhouette qu'heureusement nous connaissons bien. Nous rentrons par la passe, allons échouer sur la plage et nous nous endormons tout habillés sur le sable.

Première journée : les premiers rayons du soleil nous éveillent et nous nous précipitons sur le petit carton que nous avons emmené et qui contient en tout et pour tout, quelques sandwiches, deux ou trois fruits, une bière pour chacun et trois bouteilles d'Evian. Nous prenons le petit déjeuner, tranquillement et allons pêcher, en pensant au boutre qui va arriver dans quelques heures et qui sera heureux d'embarquer le poisson que nous aurons pris. Midi arrive et toujours rien à l'horizon. Nous ne sommes pas inquiets outre mesure et ramassons les quelques morceaux de bois épars sur l'île pour faire cuire un poisson : après la sieste, nous nous remettons à l'eau, faisons le tour de l'île, pour retrouver nos anciennes habitudes, découvrons au passage une très jolie loche dorée, à la pointe nord. Mais en fin d'après-midi, le problème se pose : toujours rien en vue. Alors commence à retentir une litanie : mais qu'est-ce que fout ce « putain » de boutre. Au dîner, même menu : poisson grillé. Nous allons nous coucher, en maugréant après l'équipage.

Deuxième jour : L'aube nous trouve, guettant vers l'horizon. Evidemment, toujours rien. Nous décidons alors de rationner l'eau qui reste, en l'occurrence une bouteille et demie d'Evian.

La chaleur commence à se faire sentir. Nous sommes sur une île volcanique, sans abri, sans une trace de végétation. Tout n'est que rocher et corail. Il fait 50° à l'ombre et pour nous protéger du soleil, nous devons sortir le zodiac de l'eau, enlever le moteur et le mettre debout sur le côté, maintenu par les rames. Sous cet abri de fortune, nous nous installons tous les cinq, l'un à côté de l'autre, comme des sardines en boîte. Dorénavant, chaque jour à midi, nous changerons le zodiac de côté, pour retrouver l'ombre. Heureusement, nous nous baignons sans arrêt, continuons à pêcher, ce qui nous empêche de trop souffrir de la chaleur et de la soif.

Midi arrive, toujours rien. Avec les quelques restes de bois et un peu d'essence du zodiac, nous arrivons à faire griller tant bien que mal une carangue. Après déjeuner, nous sommes amenés à discuter des possibilités offertes. Certains sont partisans de partir à deux, avec le zodiac et d'essayer de rejoindre Corenghar, un poste de la milice situé au sud, à environ quarante miles. Hélas, à ce moment, nous ne savions pas qu'il existait un petit poste de la milice, Mulele, situé au nord, à seulement quelques 10 miles. D'autres veulent essayer de rejoindre un des bateaux qui passent dans la grande ligne de la mer Rouge, au large. Je suis totalement opposé à ces deux solutions, car nous n'avons pas tellement d'essence et surtout, je ne veux pas prendre le risque de voir le moteur tomber en panne, le zodiac partir à la dérive, vers le large et la mort certaine.

Notre absence va forcément être remarquée à Djibouti et logiquement, nous serons recherchés à l'endroit où nous avons été laissés. J'arrive à convaincre mes amis de rester et de ne prendre aucun risque inutile. Le moral est d'ailleurs excellent, l'ambiance à la blague continue et les plaisanteries ne cessent de fuser. Nous continuons à nous baigner de plus en plus, à chasser, ce qui nous occupe, et lorsque nous regagnons « la rue du zodiac », entre deux bains, nous nous amusons à de petits jeux sur le sable, avec des cailloux et des petits bouts de bois.

Le dîner arrive et nous finissons la carangue à demicuite de midi. Ce sera le dernier poisson cuit que nous mangerons. Le soir commence à tomber, et, étendus sur notre zodiac, nous contemplons ce paysage magnifique. Les nuits sont fraîches, ce qui nous permet de récupérer un peu de la chaleur torride de la journée.

Troisième jour : L'aube se lève, rien en vue. Nous sommes certains qu'il est arrivé quelque chose au boutre et qu'il ne faut plus compter que sur des secours venant de Djibouti. La vie s'articule sur trois moments clés, moments où tels des pèlerins, nous montons lentement, l'un derrière l'autre, vers la petite butte où est cachée la bouteille d'eau. Là nous nous mettons en cercle et nous passons cette bouteille, où chacun boit sa gorgée, sans jamais tricher.

Nous n'avons plus de quoi faire du feu et commençons à manger du poisson cru. Nous tirons les petites liches qui viennent rôder le long de la plage et une fois

Claude et Bob contemplant le coucher du soleil sur la grande île des Sept Frères (îles Seba).

la peau enlevée, leur chair se révèle très juteuse et très agréable à manger.

Nous souvenant de l'expérience de Bombard, nous essayons de mettre des morceaux de poisson cru dans un mouchoir et d'en extraire le jus. Sans succès. Je demande que l'on note d'inclure pour les futurs naufragés la fourniture d'une moulinette.

La chaleur se fait sentir, de plus en plus lourde, et de temps en temps, nous commençons à avoir la bouche un peu sèche. Mais dès que nous allons à l'eau, tout cela s'arrange et nous conservons une bonne forme. Pour essayer de varier le menu, je décide d'organiser l'après-midi une gigantesque chasse aux crabes. Le spectacle valait la peine. Chacun de nous, équipé de

Le poisson-empereur (Romachantus Imperator),
l'un des plus beaux poissons du monde du Corail.

Limace de mer : Phyllida.

Couple de Nudibranches (Glossodoris)

sa flèche, traque les crabes dans les petites flaques d'eau et les failles des rochers. Aux quatre coins de l'île, on entendait des jurons bien de chez nous. Car de deux choses l'une, ou nous étions un peu diminués, ce que je crois, ou les crabes étaient devenus extrêmement malins et rapides. Au bout d'une heure, nous revenons harassés, avec en tout et pour tout, dix crabes à peu près entiers et une multitude de pièces détachées qui feront quand même notre bonheur. Et c'est le festin, on se serait cru chez Prunier. Une boîte d'eau d'Evian vide, un peu d'eau de mer, les crabes entassés dans la boîte et en dessous un petit feu d'essence de zodiac. La recette est simple à réaliser.

La journée se termine sans incident, mais il faut noter que vers la fin commença à apparaître le sujet numéro un, dont on parlera sans arrêt les jours suivants : le menu.

Quatrième jour : L'aube se lève, toujours rien en vue, toujours le soleil, la mer, la chaleur, la faim, la soif. Nous sommes en train de pêcher, quand tout à coup, j'entends un cri, le boutre, le boutre... Je regarde vers le nord et je vois à deux, trois miles de nous un boutre en train de traverser en direction d'Aden. Immédiatement, c'est le branle-bas de combat. Nous mettons le zodiac à l'eau, remettons le moteur et réussissons à le faire démarrer rapidement. Claude et Bob, les deux plus légers, partent pour rejoindre ce boutre qui s'éloigne de nous. Nous les voyons monter à bord, discuter un grand moment, palabrer, puis redescendre avec un objet de forme ronde. Ils reviennent avec une bonbonne remplie d'un liquide trouble et un peu verdâtre qui doit être, paraît-il, de l'eau. Dans notre cas, nous ne sommes

pas difficiles sur la marque et nous nous désaltérons avec une joie infinie. Je suis sûr que dans un laboratoire d'analyses, cette eau aurait été baptisée immédiatement « l'eau des Borgia ».

Nous réinstallons le zodiac dans sa position d'abri et repartons à l'eau chasser. Cette journée me vit à la fois fou de joie et fou de rage. Car j'eus l'occasion d'assister à deux spectacles inoubliables et évidemment, je n'avais avec moi ni caméra, ni appareil photographique. Ce sont des séquences que l'on voit peut-être une fois dans sa vie. Le matin, j'étais parti vers le nord, jusqu'à la pointe de l'île, et au moment où j'allais franchir cette pointe, je vois déboucher devant moi, un monstre. Je reconnais immédiatement à sa forme, à sa taille, et aux taches, le requin-baleine que l'on rencontre parfois dans ces eaux. A quelques mètres de moi, défilent les dix mètres de cette bête inoffensive, mais quand même impressionnante à voir. Ecœuré, je rentre vers la crique, pêcher une petite liche de vingt centimètres pour mon déjeuner.

Dans le détroit de Bab el-Mandeb, l'île de l'Est et l'île du Sud.

Réveillée, une tortue à écailles (Erythomochelys imbricata) *prend son envol devant une holoturie.*

P. 38
Un nuage de barbiers tropicaux (Anthias squamipinis) *évolue devant un massif de coraux.*

P. 41
Blotti dans une anémone de mer (Radianthus paumotensis) *un poisson-clown* (Amphiprion Melanopus) *immunisé contre les piqûres des actinies.*

L'après-midi, j'éprouve le besoin de faire un tour vers le large. Je nage lentement vers un sec que je connais et qui est situé à environ cent mètres du rivage. Tout à coup, mon œil est attiré par une masse posée sur le fond. Je m'approche, je plonge et je vois, chose extraordinaire, posé sur le sable, un requin-tigre, une mère, splendide bête, d'environ trois mètres, entourée de sept ou huit petits requins parfaitement rayés noir et blanc. Les requins-tigres ont les raies qui s'atténuent avec l'âge, et ces petits qui venaient de naître semblaient avoir endossé une tenue de bagnard. Je restais un long moment à contempler ce spectacle attendrissant de cette mère et de ses petits tournant autour d'elle. Je regagnai le rivage et rejoignis mes amis qui avaient repris leur sujet de conversation nº 1 : le menu. Car depuis la veille, une obsession s'était emparée de nous. Nous ne pensions qu'à manger, qu'à boire de la bière fraîche et nous passions notre temps à établir le menu type du gueuleton que nous allions faire en arrivant à Djibouti. La nuit tombera sur le programme suivant : Hors-d'œuvre, thon-tomates ; après, un steak épais, saignant,

Rappelant le museau d'un chien, la tête d'un tetodron (Arothron citrinellus) *de couleur bleue.*

juteux, et chose très importante fromage, merveilleux fromage de France, camembert à profusion, pas de dessert, café et le tout arrosé avec un vin rosé, glacé, mais glacé... : le rêve.

Cinquième jour : Nous nous réveillons repus et rassasiés, car évidemment, nous ne rêvons que de « bouffe ». L'eau touche vraiment à sa fin et nous commençons à ressentir les effets de la soif. Mais le moral reste bon et la forme est tout à fait valable. Nous commençons à guetter les moindres bruits de moteur, que ce soit en mer ou dans les airs. Nous aurons plusieurs déceptions en entendant un bruit d'avion qui semblait venir vers nous et qui s'éloignera vers le large sans nous voir. Entre deux baignades et deux bouchées de poisson cru, nous discutons du menu qui semble arriver à sa perfection. Le soleil semble de plus en plus lourd et lorsque je parcours les quelques mètres qui séparent le zodiac de l'eau, parfois je ressens un léger étourdissement.

Nous nous sommes tous affinés et certains muscles autrefois cachés par la graisse commencent à réapparaître. Nous sommes étendus sous notre zodiac, dans une espèce de somnolence et il nous semble entendre un bruit de moteur, mais cette fois, c'est un moteur d'avion. Le bruit s'amplifie et un petit avion apparaît au-dessus de l'île. Il commence à tourner, en battant des ailes. Je reconnais un avion de l'aéro-club, celui de mon ami Michel Lafoux. Nous nous sommes levés et faisons de grands signes pour extérioriser notre joie. Il tournera ainsi une ou deux fois, puis repartira. Nous allons nous baigner, pour nous remettre de nos efforts et repartons nous réfugier sous notre zodiac, où, dans la chaleur de la journée, nous continuons à parler de notre menu. Nous savons que nous sommes sauvés et rien ne peut plus nous troubler. En fin d'après-midi, nous sommes étendus face à la petite montagne de l'île, le dos au soleil. Tout à coup, je vois un mât apparaître au-dessus de la montagne. Je donne un coup de coude à Patrice, car je me demande si je ne divague pas. Il se passe alors une scène extraordinaire. Devant cinq hommes étendus côte à côte sous un zodiac, sur une plage déserte, le visage tiré, couvert de barbe, crevant quand même de soif et de faim, débouche un énorme paquebot qui passe, à trente mètres de l'île. Sur les ponts, des gens, en train de boire, nous font de grands signes d'amitié. Sachant que nous allons être secourus dans quelques heures, nous ne faisons même pas un geste et restons immobiles, alors qu'il y a un ou deux jours, nous aurions sauté dans le zodiac pour aller aborder ce bateau. Le temps passe et nous semble de plus en plus long. Nous dînons comme d'habitude d'un poisson cru. Nous n'avons pratiquement plus d'eau à boire et nous nous étendons dans la fraîcheur, guettant le bruit d'un bateau.

Nous nous sommes assoupis quand, soudain, vers minuit, un bruit régulier commence à s'amplifier. Bientôt, nous apercevons en face de nous, entre les deux îles, le bateau de guerre. Deux zodiacs sont mis à l'eau et nous rejoignent. Deux médecins se précipitent vers nous, en nous proposant des cachets. Nous les renverrons immédiatement à bord chercher de la bière fraîche. Car pour l'homme qui meurt de soif, la seule boisson dont il rêve est la bière. Ils seront tous étonnés de nous trouver en si bonne forme, car ils s'attendaient à nous trouver pratiquement morts. Dans ces pays, les gens qui partent en brousse emmènent avec eux six litres d'eau par jour. Nous avons été sauvés par le fait que nous étions sur une île et surtout que nous nous sommes baignés sans arrêt, tous les jours, ce qui a permis à notre peau de ne pas se déshydrater. De même, le fait de manger du poisson cru et même de boire un peu d'eau de mer, ce que nous faisions en pêchant, nous a permis de nous alimenter.

Ce fut pour chacun une expérience humaine passionnante.

3
océan atlantique
les îles du cap vert

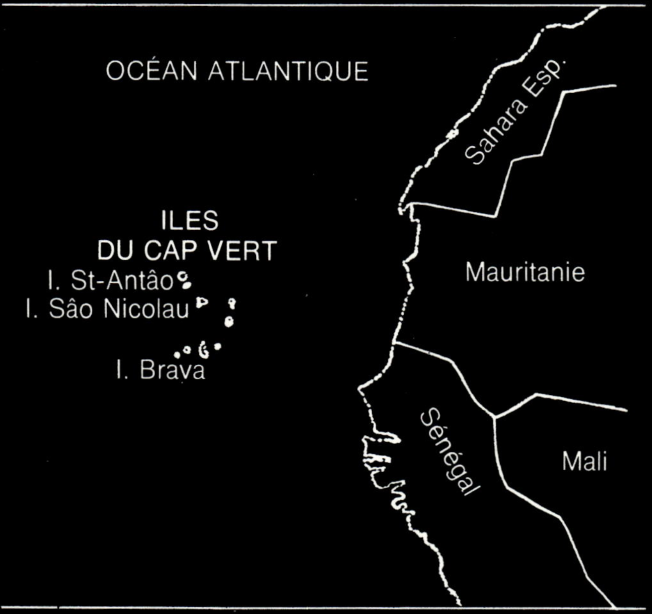

Poussés par les alizés, les nuages défilent sur l'île do Sal, plaque tournante de l'Atlantique nord.

Mon ami Pierre, avec qui je plonge depuis de nombreuses années, avait décidé d'envoyer son nouveau bateau aux îles du Cap Vert. C'est un magnifique yacht de trente mètres en acier, parfaitement équipé pour la plongée, avec une annexe puissante que l'on peut mettre à l'eau rapidement, au moyen d'une grue pneumatique, ainsi qu'un sous-marin de plongée Havas.

Arrivés de Lisbonne en Jet, nous découvrons l'Îlha do Sal, dont l'aéroport est une plaque tournante entre les trois continents qui bordent l'Atlantique. Les grands alizés du nord-est soufflent sans cesse, donnant aux arbres une forme typique, coudée vers l'ouest. Nous embarquons dans un petit bimoteur des lignes locales et survolons les îles de San Nicolau et Santa Lucia pour rejoindre Sao Vicente où nous attend le bateau. C'est une île accueillante avec une merveilleuse baie qui abrite la capitale : Mindelo. On y découvre de splendides goélettes qui font le trafic entre les îles et des réminiscences de la conquête portugaise, telle cette reproduction de la tour de Belem. La ville est très colorée, avec des maisons coloniales au milieu d'une végétation luxuriante.

Après autorisation de la Marine (car le pays est en guerre), nous embarquons pour gagner l'île de San Antao située juste en face. C'est une île pittoresque, très montagneuse avec de grandes baies abritées au sud-ouest. Nous mouillons à Terrafal, un village de pêcheurs dont les maisons de bois sont alignées le long de la mer sur un fond de verdure. Nous nous renseignons auprès de ces pêcheurs, car nous savons que cet endroit est réputé pour ses grosses loches. Ils nous emmènent pêcher dans une crique voisine où nous découvrons dans le ressac de la houle des bancs de carangues et de liches. Ces carangues sont typiques avec une tête busquée et une couleur verdâtre. Les fonds sont très particuliers : rocheux, volcaniques, avec une partie corallienne, le tout dans une mer bleu intense sans cesse brassée par les alizés. Nous en subirons quelques conséquences, comme ce jour où Jean-Pierre, voulant poursuivre un poisson près du rivage, fut embarqué par une lame et se retrouva sur les roches sans fusil. La lame suivante, très obligeante, le ramena dans l'élément liquide sans trop de mal. J'ai failli connaître un sort identique.

Un très gros piton rocheux au milieu d'une petite crique offrait un abri aux poissons que l'on pouvait voir flottant dans l'eau en grand nombre. Je pénètre dans le piège en eau calme, quand tout à coup une grosse vague rentre et brasse le tout. Je suis retourné dans tous les sens au milieu d'une eau blanche d'écume, où l'on ne voit absolument plus rien. Impression très désagréable d'être perdu dans un nuage de bulles avec la peur d'être projeté sur les rochers. La chance était avec moi et je me retrouvai dehors, en pleine eau, indemne.

Si la végétation sous-marine est assez réduite, la faune est riche en espèces particulières au pays. Des mérous au nez pointu, les abadèches aux parures très variées, certains noirs et jaunes, se promènent en bancs très nombreux. Les perroquets et les poissons-trompettes habitent les coraux avec une espèce de sarg ; parmi les nouvelles espèces que je découvrais, j'ai remarqué un poisson-baliste très curieux que les spécialistes ont placé dans une famille spéciale : l'Aluteridé. Ce poisson possède un corps sans épaisseur, très allongé, terminé par une grande queue en forme de pinceau. Il se déplace sans souplesse mais avec une certaine rapidité. Sa peau très veloutée varie du gris-bleu au brun foncé. Sur cette robe s'impriment de nombreuses taches de couleur violette, ainsi que des empreintes grises ou noires. Les requins sont nombreux, surtout les peaux-bleues et les marteaux. Mon premier face à face avec un gros requin-marteau fut purement accidentel. J'étais en plongée à vingt mètres, blotti dans un creux de rocher pour essayer de photographier les abadèches qui flottaient devant moi dans le courant, quand j'aperçus, venant dans ma direction, assez loin, un magnifique requin-marteau. Le temps de faire la mise au point, la bête qui mesurait plus de trois mètres était à quelques mètres de moi. Je décolle du rocher, monte vers lui doucement, sans qu'il se rende compte de ma présence et lui tire son portrait, presque à bout portant. Effrayé par l'éclair du flash et mon apparition subite, il s'enfuit en relâchant ses intestins.

Nous plongeons plusieurs jours pour essayer de rencontrer les fameuses loches, mais nous ne trouvons que leurs habitats. Parfois à plus de cinquante mètres, nous découvrons de grandes cavernes très profondes où l'on peut rentrer debout. Nous les explorons avec la crainte de voir débouler devant nous à chaque instant une bête énorme. Nous n'apercevons qu'une seule loche très grosse, qui partira vers le large à notre approche. Les pêcheurs nous expliqueront que les loches, qu'ils connaissent parfaitement bien, émigrent vers les profondeurs à certaines époques.

Nous levons l'ancre pour gagner le groupe des îles du Sud : « Les Sotavento ». Ce sera une rude traversée de nuit qui laissera de mauvais souvenirs à plus d'un, car la mer est formée et la grande houle de l'Atlantique nous prend par le travers. Au petit matin, apparaît Santiago, une grande île au sommet élevé qui offre une côte abritée. A Tarrafal, nous embarquons avec un pêcheur de langoustes sous-marin, Pedro. Equipé d'un matériel vétuste, il plonge sans problème à quinze mètres, et va cueillir une par une les langoustes nichées dans les trous. Ces langoustes tropicales, vertes et noires, abondent et nous commençons à en être saturés.

Au cours d'une plongée, nous découvrons une grotte dont toutes les parois, sol et plafond compris, sont couvertes de langoustes. Une véritable fleur dont les pétales sont constitués par des centaines de bêtes.

De nombreux villages jalonnent la côte jusqu'à Praia, port de pêche et capitale de l'archipel. C'est une ville pittoresque avec sa citadelle dominant la baie, ses rues en pente et sa place aux grands arbres, rappelant les paseos méditerranéens. A leur image, on trouve au milieu de la place l'éternel kiosque à musique et l'orchestre militaire, qui donne son concert au milieu des marins en goguette.

Après avoir consulté la carte, je décide d'aller plonger à la pointe de Gotinho qui est le dernier cap sud-est de l'île. J'imagine les bateaux poussés par la tempête et les grands alizés en furie, arrivant devant cette pointe qui est leur dernière chance avec le grand large. Cette image se révèlera juste, car j'y trouve un cimetière d'ancres de toutes les tailles et de toutes les époques. Le long d'une arête rocheuse tout près du tombant, je découvre deux grandes ancres non percées, datant sans doute du XVIIe ou du XVIIIe siècle, posées à quelques mètres l'une de l'autre, recouvertes de corail. Et en regardant leur taille, qui dépasse deux mètres, et leur position, j'imagine le gros vaisseau de ligne chassé par la tempête, qui vient de passer la pointe et essaie de tenir à l'abri de l'île, en frappant en catastrophe ses deux ancres. J'explore avec attention les environs et je nage jusqu'à une petite crique voisine. J'aperçois sur le fond des taches claires. Je plonge et je ramène deux, trois morceaux de terre cuite qui, après examen, semblent être des morceaux d'amphores. Je parcours méthodiquement la crique et au bout d'un moment, je trouve, coincé entre quelques pierres, un col d'amphore couvert de concrétions. Ce morceau d'amphore, dont l'époque et l'authenticité restent à déterminer est peut-être le témoin du passage des anciens navigateurs que furent les Phéniciens et les Grecs.

Quelques heures de traversée et nous arrivons à Fogo. C'est l'île la plus intéressante à tous les points de vue. De forme ronde et surmontée par un important volcan qui culmine à 2 829 mètres, elle offre d'un côté une sorte de demi-lune rocheuse avec des parois tombant parfois à pic sur la mer, et de l'autre côté, des vallées de ruissellement vertes et cultivées. La vallée, dénommée le Cha de Galdeirais, est une coulée de verdure luxuriante enchâssée dans des blocs de rochers. L'eau est captée en haut de la montagne et amenée dans des citernes en pierre. De cet endroit part un réseau de canaux en dur, amenant l'eau jusqu'au bas de la vallée. Partout des arbres dont certains sont gigantesques, comprenant palmiers, cocotiers, manguiers, etc. Les cultures sont organisées en étages, avec des remblais et des escaliers. Partout des jardins, des potagers et même des champs où l'on peut voir brouter les vaches et les chevaux. Les gens de cette vallée heureuse sont très accueillants et m'offrent de tous ces fruits tropicaux dont le goût est très différent de ceux que l'on mange à Paris. Dans la vallée voisine, un chemin descend de l'étroite baie qui abrite les bateaux des pêcheurs et

La Maria Sony, *une des merveilleuses goélettes qui transportent d'île en île bêtes et gens, mélangés en un immense fret vivant.*

Image typique des fonds du Cap Vert aux eaux glauques.

Les rochers sont parfois couverts de colonies de coraux tubulaires (Dendrophyllia) *aux couleurs éclatantes, orange ou jaunes.*

L'île de Sao Tiago : les femmes remontent le poisson depuis le port de pêche situé dans la crique.

leurs camps. Le poisson ramené est découpé sur les galets de la plage et c'est un spectacle haut en couleur de voir les femmes remontant, telles des fourmis, le long de la montagne avec leur panier rond, rempli de poissons, posé sur leur tête. Les deux pointes de cette baie, où nous nous sommes mis à l'abri, se révèleront comme un paradis sous-marin.

Car elles sont traversées par des failles très profondes et des grottes qui communiquent entre elles, offrant ainsi de véritables aquariums où des bancs de poissons se laissent bercer par le courant. A chaque plongée, nous sommes escortés par un banc de balistes argentés qui nous surveillent de leurs petits yeux curieux et mobiles. C'est un endroit également fréquenté par les perches rouges, les lutjans bohar, que les gens de Dakar appellent des Yars. Ces carnassiers, nerveux et méfiants, atteignent au Cap Vert une taille considérable.

Devant Fogo, face au grand large, la petite île de Brava, couverte d'une végétation abondante, offre des eaux extrêmement poissonneuses, comme le confirme la présence de nombreux requins peaux-bleues, marteaux et autres. J'y ai été témoin de l'incident classique qui peut arriver avec les requins. Nous avions découvert, dans une des criques du sud-est de l'île, en plein milieu, face au large, une arche immense, dont le haut arrivait à quelque cinq-six mètres de la surface. Cette arche, assez longue, abritait des bancs de poissons qui flottaient immobiles dans le courant, sous l'abri des rochers. J'avais passé de longs moments à plonger, pour filmer toutes ces bêtes qui rentraient et sortaient de cet abri. Il était l'heure de rentrer à bord. Mes amis avaient tiré des poissons pour le repas du soir et Claude, toujours serviable, les avait mis sur son accroche-poissons autour de la taille, ce qui évidemment est à déconseiller formellement dans une mer où il y a des requins. Nous en avions d'ailleurs aperçu plusieurs qui étaient venus lorsque l'on avait tiré les poissons. Nous avions mouillé l'annexe à l'abri, près de la côte et nous avions environ une centaine de mètres à faire à la nage, pour rejoindre l'embarcation. Claude, chargé, était parti le premier et je le suivais à quelques mètres de distance. Nous n'étions plus qu'à une dizaine de mètres du bateau, quand je vois tout à coup un requin surgir devant Claude et foncer vers lui. Ayant une longue pratique de la mer Rouge et des rencontres que l'on a l'habitude d'y faire, Claude ne s'émotionne pas et fait face au requin, le fusil en avant. Le requin s'arrête pratiquement à la pointe du fusil, repart, change d'angle et recharge. Ce manège durera deux à trois minutes, pendant lesquelles le requin tournera, changera chaque fois d'angle avant de charger, mais semblant intéressé uniquement par les poissons accrochés à la ceinture de Claude. Et il ne partira que lorsque, étant tous arrivés, nous lui ferons front en groupe. C'était un peau-bleue de deux à trois mètres capable d'infliger des blessures sérieuses. Cette histoire confirme qu'il ne faut jamais prendre le risque dans une mer à requins de porter autour de la taille un poisson, et également qu'il vaut mieux abandonner un dîner à une bête peut-être plus affamée que vous.

Nous avons repris la mer, pour regagner l'Îlha do Sal où nous devons nous rembarquer. Nous sommes passés devant l'île de Maio sans nous arrêter, car je tenais à passer un ou deux jours sur un endroit qui passe pour être un des hauts lieux de la plongée, le fameux sec de Joe Valente. Situé en pleine mer entre Maio et Boa Vista, le sec de Joe Valente est un grand plateau immergé dont le haut est à deux-trois mètres de la surface. Par beau temps, on peut le situer d'assez loin, car les rochers situés au centre sont battus par la mer qui y forme de perpétuels geisers. Nous y avons passé deux jours, en faisant le tour du tombant et en plongeant un maximum de fois. Je dois avouer que nous avons été très déçus, car non seulement nous n'avons pas trouvé une faune exceptionnellement riche, mais surtout nous n'avons aperçu que très peu de requins. Une des raisons en est peut-être la présence de cette flottille de chalutiers japonais que nous avons vue à Mindelo, avec leur navire-usine. Et je me rappelle avoir vu, pendues aux vergues de plusieurs bateaux, des centaines de queues de requins en train de sécher.

Je devais faire, plus tard, deux autres séjours dans ces îles et chaque fois, ce sera une joie nouvelle. Car si parfois le climat et la mer deviennent rudes, les îles du Cap Vert offrent une grande richesse de végétation et de faune, que ce soit sur terre ou sous les eaux.

Galère portugaise (Physalia caravella), *un* *homophore possédant une vessie flottante* *eu-violet prolongée de* *ngs filaments urticants très dangereux.*

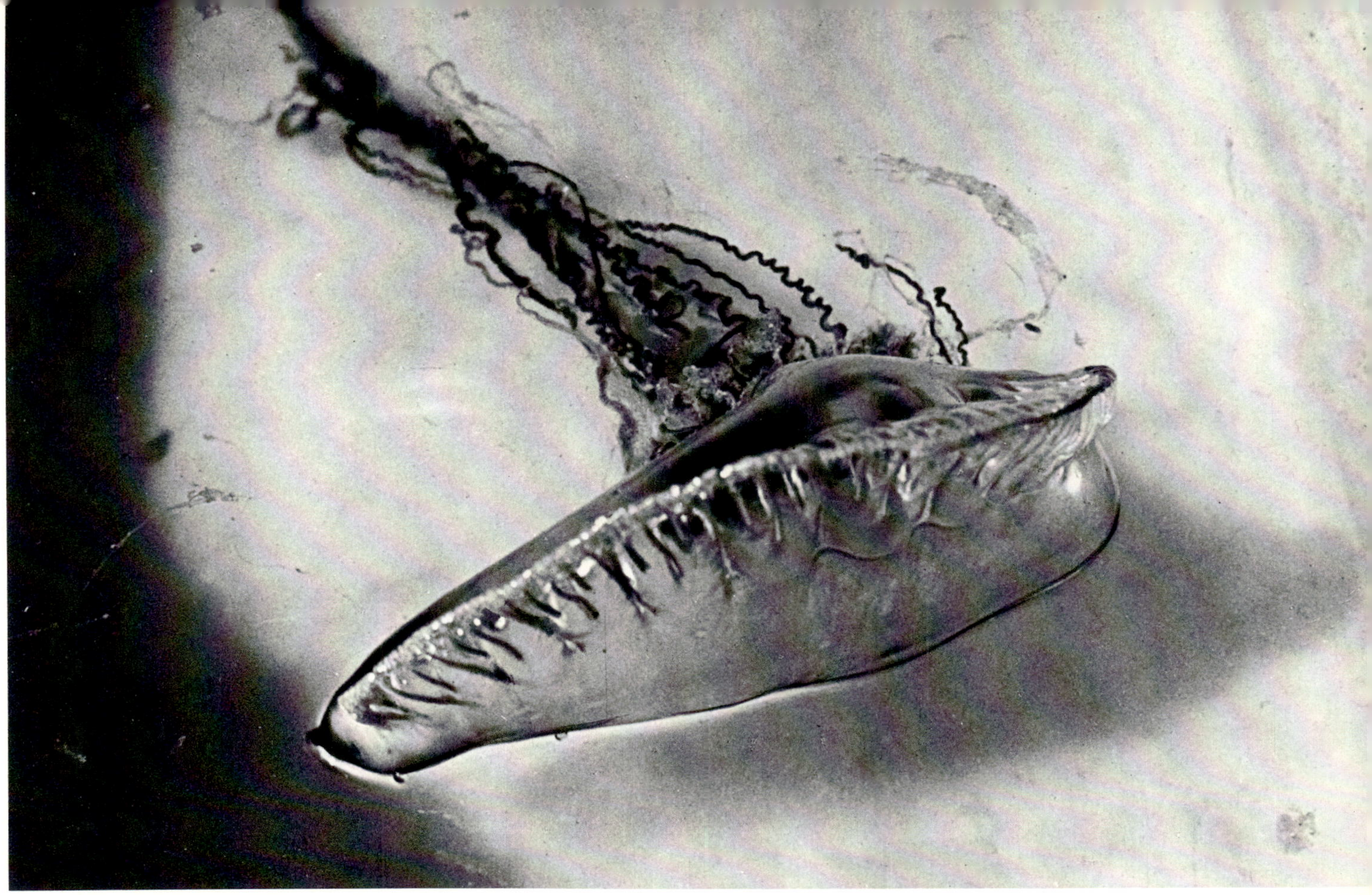

Deux espèces de langoustes (Panulirus versicolor et Pennicilatus) *qui tapissent parfois entièrement les parois des grottes.*

4
océan indien
les îles maldives

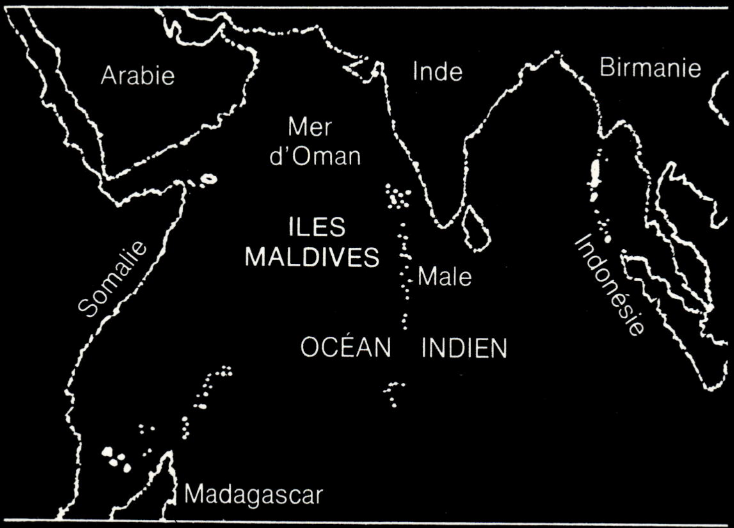

Un « Dhony » bateau typique des Maldives, au gréement particulier, devant l'île de Petit Bandos.

S10302 E

Connaissant la richesse et la beauté de l'océan Indien, par des séjours à Djibouti et aux Comores, je me joins à un groupe de plongeurs, chasseurs d'images, qui part aux Maldives. Nous avons un matériel dément ; personnellement, j'emmène deux caméras sous-marines avec éclairage, plus mon matériel de photo, ce qui représente plus de deux cents kilos de matériel. Le transport se passe miraculeusement bien et nous atteindrons, après une escale à Colombo, notre but.

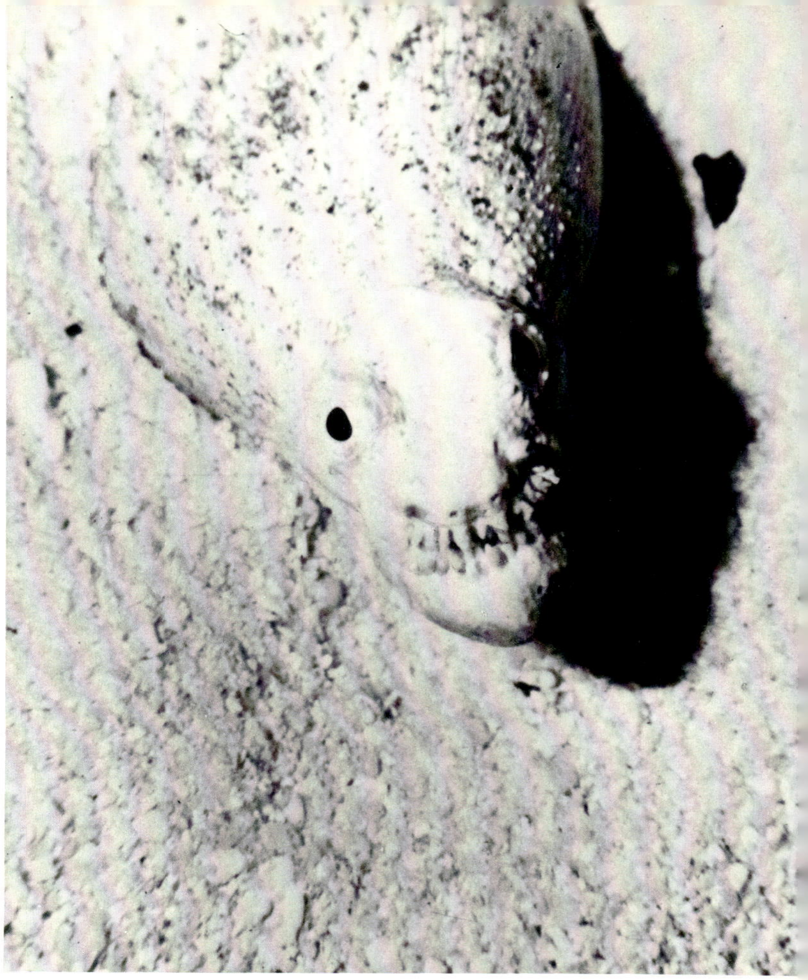

L'archipel des Maldives, situé à environ sept cent cinquante kilomètres au sud-ouest de Ceylan, comprend deux mille îles, rassemblées en dix-neuf atolls coralliens sur huit cents kilomètres du nord au sud, pour une largeur de trois cents kilomètres. Dans l'atoll de Male, où est la capitale du même nom, se trouve l'aéroport d'Hululé, réunion de deux îles par un travail collectif qui a demandé deux ans. Male est habitée par quinze cents personnes qui vivent dans des maisons blanches aux volets et portes peints de couleurs vives. Des constructions modernes abritent les services du Gouvernement, le long d'un port très pittoresque. En face du marché viennent s'amarrer les « dhonys », bateaux à voile triangulaire de pêcheurs qui rapportent les thons bleus ou les sailfish, magnifiques poissons-voiliers, dont certains mesurent plus de deux mètres. Ces bateaux sur lesquels les pêcheurs vivent en famille, possèdent à l'arrière une case aménagée, soit en branches de palétuvier, soit en bois et présentent un grément très particulier. Bateaux rapides, ils assurent, en plus de la pêche, la liaison et le transport entre les îles. Nous en avons croisé certains chargés à ras-bord de coraux qui seront mis en tas et brûlés, donnant ainsi la chaux nécessaire à la construction des maisons.

Les habitants, très gentils, se sont convertis au tourisme et exploitent la richesse de l'île, les coquillages, dont certains sont très recherchés, tels le cône *Zonatus* et le *Murex palmarosae*. L'atoll de Male est parfaitement équipé pour le tourisme et la plongée. Heureusement, la pêche sous-marine a été interdite dans la plupart des îles habitées, ce qui préserve des fonds magnifiques où des dégâts ont été déjà faits. Ce sont des îles typiquement tropicales, avec des plages

P. 54
Surprise la nuit, enterrée dans le sable, une Apode, (Ophichitydae) à l'aspect effrayant.

Des zoanthaires en forme d'amphores.

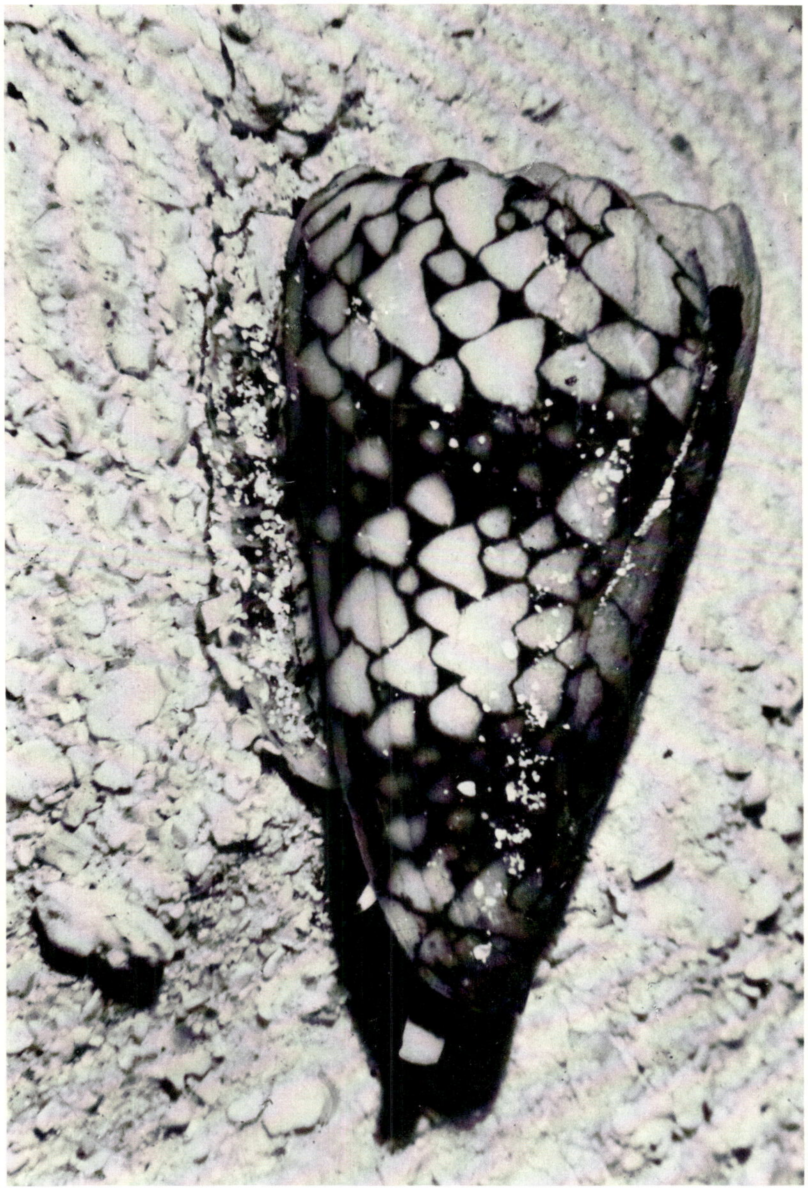

Un cône (Nicobaricus)

P. 54
Un cône (Episcopus Auct.) *avec sa trompe cerclée de rouge.*

Une carangue dorée (Caranx bartholomae) *pêchée à la traîne, rejette un petit poisson* (mugil) *qu'elle venait de capturer.*

P.58

Atoll luxuriant cerclé d'un anneau de sable blanc : Petit Bandos vu du centre de plongée de Bandos.

P. 59

Un poisson-perroquet (Scarops rubioviolaceus) *surpris la nuit par l'éclair du flash.*

P. 60-61

Vivant en symbiose avec l'anémone de mer (Radianthus ritteri), *un poisson de la famille des Pomacentridés, l'amphiprion* Clarkii *insensibilisé au venin des cnidocystes.*

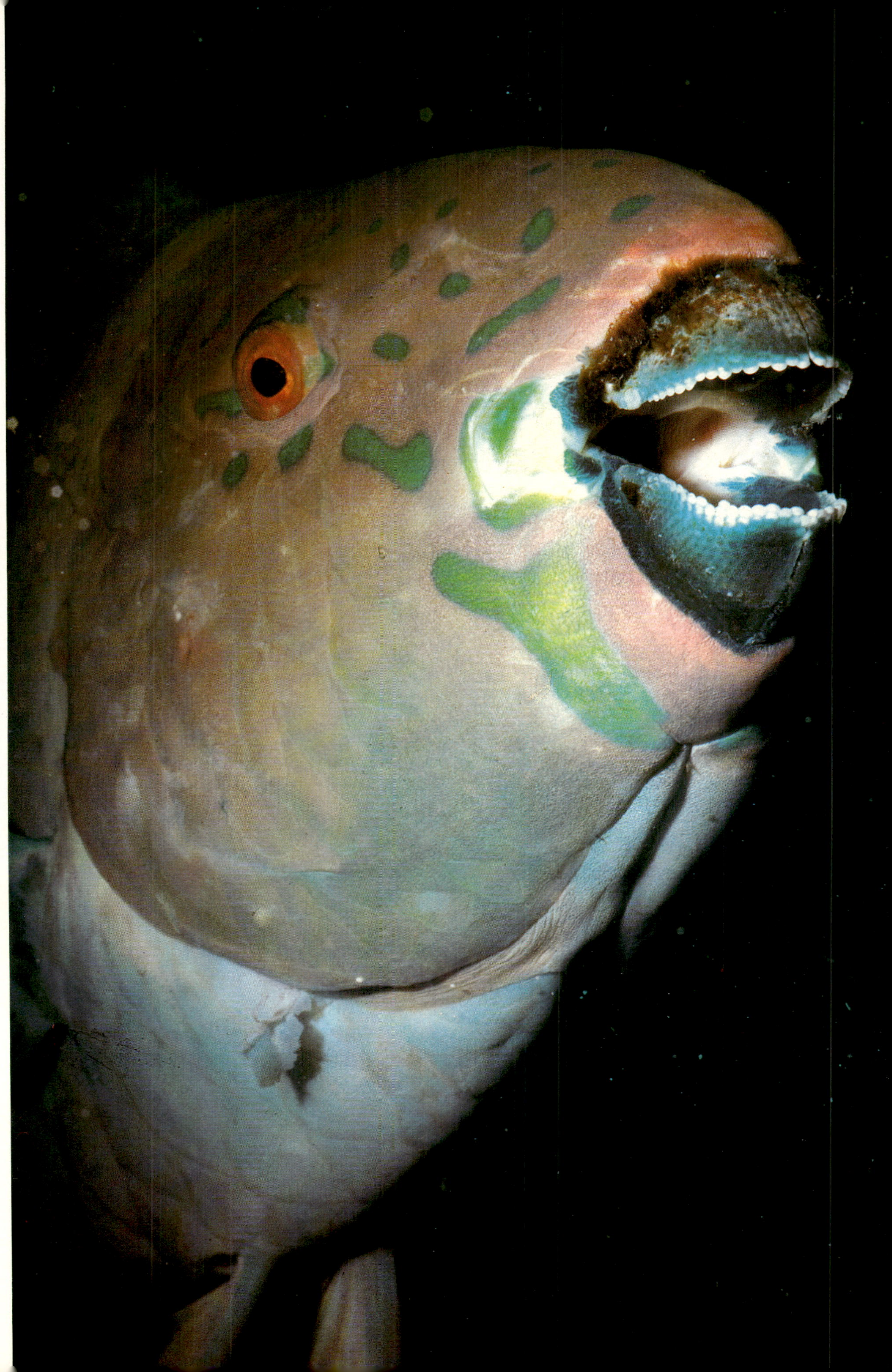

P. 63

a	c	
	d	
b		
	e	

a Holoturie thelenota ananas
b Vers tubicoles : Annelides
c Spirographe
d *Colonie de Polypes de Cœlentérés* (Zoanthus
e *Poisson-ange* (Chaetodon meyeri)

Un poisson-ange à la parure rutilante, que l'on rencontre souvent dans les massifs coralliens, le Pygoplites diachantus.

P. 64
Buffet dressé pour un grand curry à l'île de Bandos.

Transparence cristalline des eaux du lagon de Male.

de sable blanc entourant un îlot de végétation luxuriante. Les fonds sous-marins sont très beaux, tant par la végétation corallienne, madrépores et gorgones, que par la faune des poissons tropicaux. La plongée sur les tombants du récif extérieur est très intéressante, mais dangereuse à cause d'un certain courant.

Le centre de plongée de Bandos, où nous allons, est très bien équipé et organisé de façon parfaite, avec différents bateaux permettant de multiples buts de sortie. Les autres centres sont Baros, Willingeli, Kurumba, Velassaru. Des bateaux relient entre elles ces îles distantes de quatre à dix milles.

Nous sommes devenus aussitôt amis avec le chef de plongée de Bandos. Grâce à une parfaite organisation, qui vous permet d'avoir vos bouteilles où vous le demandez, nous plongeons trois fois par jour : départ le matin à neuf heures en bateau, plongée à dix heures ; déjeuner, départ à seize heures, toujours en bateau et chaque fois sur un fond différent. Le soir, nous partons de l'embarcadère pour plonger le long du tombant de l'île. Au large de Bandos, un grand récif de corail nous offre des massifs de madrépores, abritant des bancs de gaterins, des mérous colorés, et toute la faune haute en couleur des poissons tropicaux. Plus au large, au pied d'une île sablonneuse, un endroit surnommé le « Night-Club » nous révèlera des tombants avec des grottes où se faufilent les poissons. En se glissant au fond de ces grottes, on peut filmer les animaux qui passent sans cesse et se découpent sur le fond bleu des ouvertures. Des raies s'envolent lourdement, les ailes chargées de sable de ces trous où elles s'enterrent sous l'œil des poissons-plumes (pterois) nichés dans les trous des plafonds.

A l'entrée du port de Male, nous plongeons sur un bateau coulé à vingt mètres qui sert de maison de repos aux poissons locaux. Dans la cale, de gros mérous se glissent entre les membrures. Un banc de poissons-chirurgiens semble visiter l'épave, rentrant et sortant par les fenêtres du château arrière. Curieusement, je trouve un rostre de sailfish, qui a été jeté par les pêcheurs et a atterri sur le pont arrière.

Au milieu d'une nuée de poissons intrigués, je travaille au flash, ce qui chaque fois produit un mouvement général de recul suivi aussitôt du mouvement contraire, car leur curiosité l'emporte sur la méfiance.

Les sorties à l'extérieur de l'atoll posent quelques problèmes, car il se produit parfois un courant assez fort. A Villighili, une île au sud, hors de l'atoll, nous sommes partis dans une eau calme. Le bateau était ancré le long du tombant avec un grand bout traînant à l'arrière. La plongée se passait bien, quand le courant s'est levé tout à coup et a atteint rapidement cinq à six nœuds. Nous sommes alors rentrés vers le bateau, restant accrochés au fond, aux pâtés de coraux, en attendant que chacun puisse atteindre le bateau et remonter à bord. Certains, moins bons plongeurs, se sont laissés embarquer par le courant et ont ainsi manqué l'avant du bateau et l'échelle de coupée qui permet de remonter à bord. Ils ont de justesse pu se rattraper à la corde qui flottait à l'arrière et il a fallu les ramener et les hisser avec peine. Le courant est l'un des dangers que le plongeur doit limiter, d'une part en plongeant toujours à contre-courant et en n'insistant pas si ce dernier devient trop fort, d'autre part, en se méfiant de la direction du courant qui peut se lever. D'où la nécessité de toujours plonger avec une boussole, ce qui doit permettre, avec un certain entraînement, de pouvoir revenir sans problème et sans perte de temps au point de départ.

Les moments les plus passionnants ont été quand même les plongées de nuit. Nous partions de l'embarcadère, longions une crique de sable jusqu'à la balise lumineuse qui borde l'entrée de ce chenal. C'était alors la descente dans le noir, le long du tombant. Nos lampes nous révélaient des poissons endormis dans les grottes. Je vis pour la première fois les grands perroquets verts dormant cachés dans un cocon. C'est une espèce de bulle qu'ils sécrètent pour se protéger des parasites qui viennent se poser sur leur corps, quand ils reposent immobiles la nuit. Certains poissons dorment simplement posés sur des rochers, et on peut les approcher sans peine, alors que le jour, ils sont inaccessibles. Dans deux grottes situées au nord de la passe, nous verrons chaque fois

P. 66

Poisson-perroquet (Scarus frenatus) *dormant dans un trou de rocher.*

Anémone de mer se refermant.

Comatules posées sur un massif de gorgones rouges.

Poisson-perroquet dormant dans un cocon de mucus qu'il a sécrété pour se protéger des parasites.

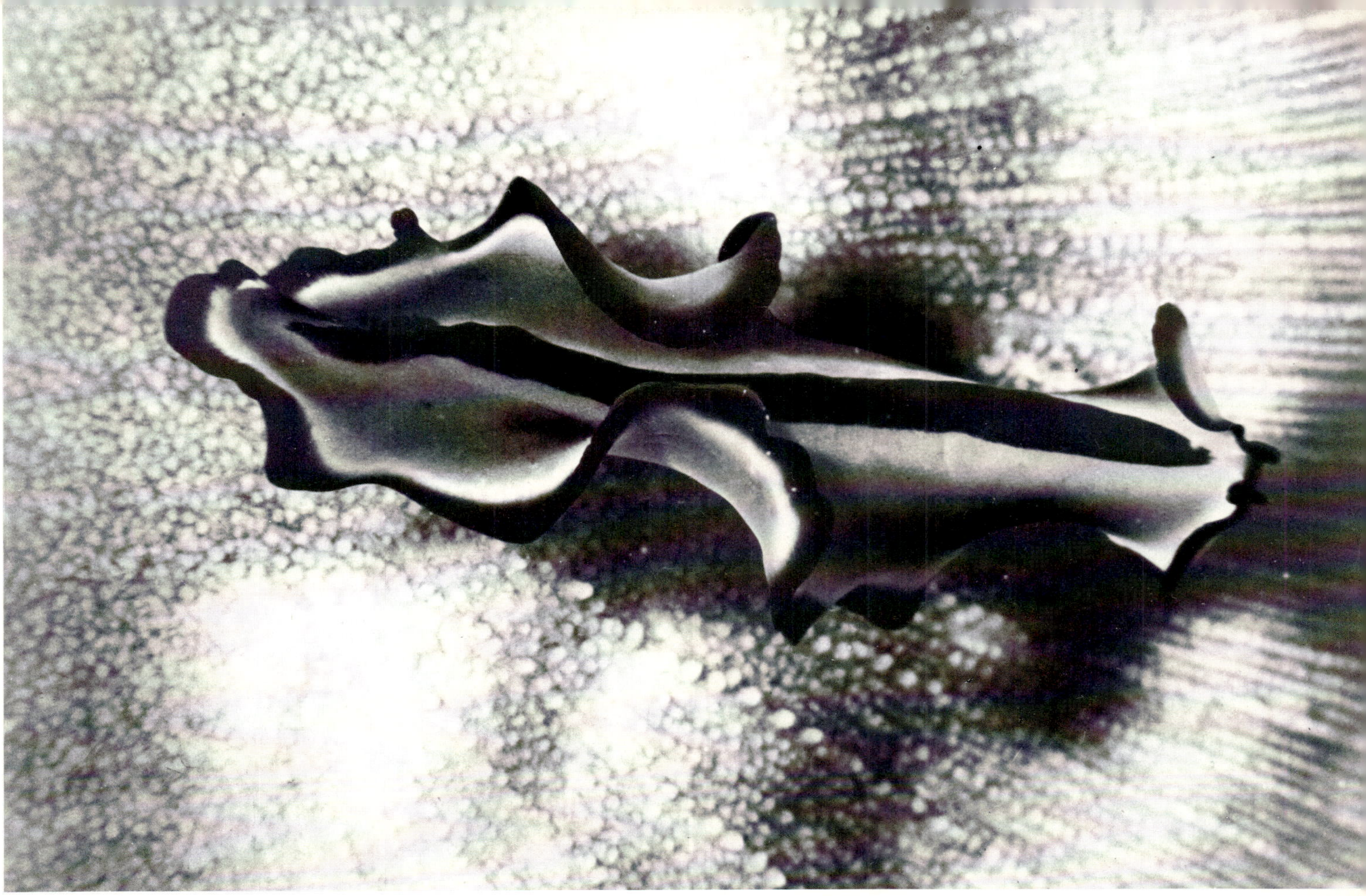

Limace de mer sur un corail Fungia.

'intérieur du lagon de Male.

Pêcheurs locaux posant un filet pour la capture de petits poissons.

Le célèbre poisson-scorpion (Scorpaenopsis gibbosa) *mortel par ses épines dorsales, reliées chacune à une poche de venin.*

P. 72
Un bateau local (dhony) assurant le transport des marchandises entre les îles.

des raies et même un requin-dormeur. Les coquillages sortent la nuit et c'est une féerie qui nous est révélée. Les olives et les mitres laissent de longs sillages dans le sable et se trahissent ainsi. Des cônes sont en promenade ou en chasse et je verrai ainsi un cône marmoreus sortant la trompe qui lui sert à se diriger et à manger, ainsi que la petite trompe qui projette de petits dards au poison mortel. Sur les alcyonaires mous, les sarcophitons, de petits coquillages, les *Calpurnus verucosum* se promènent, étalant un somptueux manteau léopard. Parfois, nous apercevons des murènes, se faufilant entre les blocs de rochers, à la recherche d'une proie endormie. En partant et en revenant, j'avais l'habitude de m'arrêter au rocher sur lequel était posée la balise. Tout autour, des blocs de madrépores avec un ou deux mètres de fond. Jusqu'au jour où jetant un coup de lampe, je vois partir entre mes jambes un animal sans couleur, hideux, dont l'intérieur des ailes est tacheté de rouge et de noir. J'ai immédiatement reconnu la synancée, ou poisson-pierre, dont le dos est hérissé d'épines. Chaque épine est reliée à une glande à venin par un système de canal qui projette avec pression le liquide, un poison mortel proche du venin du cobra. Seul un laboratoire de Melbourne fabrique un sérum qui doit être injecté dans l'heure qui suit. Ces bêtes, de la famille des *Scorpénidés* dont font partie les rascasses de Méditerranée, ont un don de mimétisme parfait. Dès cet instant, j'examinerai les lieux avec précaution et à chaque passage, je verrai un ou plusieurs poissons-pierres qui semblent affectionner cet endroit. En rentrant au ponton une nuit, j'aperçois, dans le sable fin, une tête de cauchemar sortant d'un trou, deux yeux ronds sans vie et une gueule ouverte avec des dents. Une sorte de murène tropicale blanche du plus sinistre aspect.

La vie se déroule sans notion de temps, dans un paysage de rêve, dont les îles luxuriantes avec leurs cocotiers retombant jusqu'à la mer, sur des plages de sable blanc et fin, nous font oublier les contraintes de la vie moderne.

Petit Bandos, l'île située en face de nous, est un exemple typique de l'atoll tropical. Seule restriction : ne pas se promener dans l'intérieur sous les arbres, sous peine de revenir couvert de piqûres de nonos, ces terribles petits moustiques invisibles que l'on a déjà eu l'occasion d'apprécier aux Dahalaks. Nous allons rendre visite à des amis plongeurs à l'île de Kurumba. Plus petite et plus étroite que la nôtre, elle abrite une série de maisons de bois avec toit de chaume, alignées les unes contre les autres le long de la plage. Les gens mènent une vie décontractée et semblent heureux de ce retour à la nature.

Les Maldives sont un véritable paradis où, de plus, les habitants sont d'une extrême gentillesse, ce qui n'est pas monnaie courante. Mais je crois que c'est encore plus valable pour les plongeurs, car l'Eden qu'offrent à l'œil ces atolls n'est en fait qu'un somptueux cadre entourant le sujet principal : la mer et ses fonds.

Le cimetière de l'Ile de Male.

5

mer des caraïbes les îles grenadines

Banc de poissons (Haemulon chrysargyreum) *vivant dans une épave près de l'île de Cannouan.*

Les mers tropicales offrent l'immense richesse du monde des coraux, mais chaque endroit permet de découvrir des faunes ou des flores différentes, avec parfois des espèces endémiques. La mer des Caraïbes est à elle seule un petit monde dont j'ai envie de connaître quelques aspects. J'organise une expédition en louant un bateau équipé pour la plongée. Je pars seul d'abord, pour aller en Martinique où les fonds sont riches en végétation et en coquillages.

Annoncé par des recommandations au plus haut niveau, je débarque au Club Méditerranée. « Les Boucaniers » sont une réussite exceptionnelle. Le village, composé de maisons peintes de couleurs différentes, s'intègre dans une richesse de plantation exubérante. Les arbustes à fleurs éclatent de couleurs au milieu des arbres et des pelouses vertes. Un petit port pittoresque avec des canons espagnols récupérés en plongée vous met aussitôt dans l'ambiance des Caraïbes. J'ai pu apprécier la rigueur de l'école de plongée qui, dès l'arrivée, fait subir des tests vraiment indispensables. Ayant un peu râlé pour mon cas personnel, j'en ai réalisé le bien-fondé en voyant des gens arriver sans entraînement, prétendant être de bons plongeurs et se montrant incapables de réaliser sans affolement l'ensemble des tests. C'est une prudence indispensable sous peine de voir arriver des accidents qui peuvent être graves. J'ai fait d'excellentes plongées, surtout au rocher du Diamant qui offre des tombants et des grottes intéressantes. Rocher volcanique qui émerge de 176 mètres au-dessus de l'eau, dans la baie du Diamant, c'est un véritable navire de guerre fortifié qui résista à la flotte française pendant de nombreux mois en 1804. Les fonds sont de véritables forêts de gorgones et d'immenses éponges, parfois de couleur violette qui abritent des groupes de comatules. Elles étalent leurs bras ondulants, couverts de cils, qui cherchent leur nourriture en suspension dans l'eau. On peut voir d'immenses gorgones, véritables arbres sous-marins, dont le bois noir se vend une fois poli, sous la fausse appellation de corail noir. Le vrai corail noir ne se trouve qu'en mer Rouge, au large de Djeddah et au Japon. Les crustacés, crabes et langoustes partagent avec les coquillages nombreux une végétation riche où la faune de poissons est assez limitée. Les abords de la baie du Club, sablonneux, offrent un vaste champ de recherches pour les coquillages : strombes, porcelaines, cônes et lambis enterrés dans les fonds semi-vaseux qu'ils affectionnent.

Au bout de huit jours, je retrouve mes amis et nous louons un avion privé pour rejoindre notre bateau à Saint-Vincent. Toutes ces îles sont équipées de petits aéroports, parfois en terre battue et à plusieurs, le voyage ne coûte guère plus cher que la ligne régulière, la LIAT, avec un gain de temps important.

J'avais connu auparavant l'île de Sainte-Lucie, située entre la Martinique et Saint-Vincent. Son port de Castries très encombré est une base importante de charters. Deux mouillages sont intéressants, Marigot Bay et la crique située au sud, entre les deux Pitons. Deux immenses pics rocheux qui dominent la mer avec des falaises abruptes et des fonds pittoresques.

Pendant notre vol, nous avons aperçu les îles Moustiques et le paquebot « Antilles », dont la carcasse cassée et brûlée est échouée sur un haut-fond. La vue aérienne donne une idée du risque pris en s'engageant dans ce piège étroit. Nous allons atterrir à Kingstown sur l'aéroport que coupe la route, où un passage à niveau interrompt le flot des voitures, entre deux arrivées d'avions.

Nous avons rejoint notre bateau le « Snark » à Young Island. C'est une île minuscule, un piton rocheux du nom de Duvernette, avec des marches taillées dans le roc qui montent au sommet fortifié. A son pied, un luxueux hôtel-bungalows, avec un grand bar sous les palmiers offre un confort parfait pour les touristes. A quelques encâblures de la terre, cette île offre un excellent mouillage. Les hauts-fonds alentour sont valables et en plongeant en libre du bateau, j'ai trouvé des massifs de coraux, une petite murène-léopard avec une tache noire derrière l'œil et un groupe de porcelaines (*cinéréa*) rassemblées en séminaire.

A l'aube, nous mettons le cap sur le sud, et passons devant Bequia. C'est une île où l'on fabrique encore des maquettes de navire en bois comme autrefois. On y trouve aussi les derniers pêcheurs de baleines autour de l'îlot de Petit Névis.

Nous nous dirigeons vers les célèbres « Tobagos Cayes » en passant devant Cannouan et Mayero, deux îles situées avant Union. En approchant, nous découvrons un petit paradis : trois îlots verdoyants posés sur une mer turquoise à la transparence de rêve, abrités du large par une barrière corallienne où vient se briser la houle de l'Atlantique.

Nous mouillons entre Petit Bateau et Petit Rameau dans une eau opaline purifiée par un courant permanent. Sur l'île, en face, des pêcheurs noirs de Bequia ont installé un camp de base. Parfaitement équipés avec des pirogues à moteur hors-bord, un compresseur et des bouteilles, ils ravitaillent les bateaux de charters, en langoustes et en poissons qu'ils vont chercher de l'autre côté de la barrière. Ils chassent au fusil-harpon et attrapent les langoustes avec un matériel qu'ils ont bricolé eux-mêmes. Ce sont de longues tiges de fer où coulisse au bout un nœud coulant en fil de cuivre qui leur permettent de saisir le crustacé et de le sortir sans dégât.

Nous avons été nous promener le long de la barrière de corail où de grands chenaux entre les massifs de madrépores permettent d'admirer les gorgones et les poissons de coraux dans des fonds de quelques mètres. Les eaux situées de l'autre côté de la barrière en plein Atlantique sont très riches en poissons, mais on ne peut y aller que lorsque la mer est parfaitement calme, ce qui n'arrive qu'une ou deux semaines par an au mois d'août.

Nous allons au ravitaillement à Union Island, juste en face, et accostons au quai Beaufrand, du nom d'un Français qui s'est installé dans l'île. Il a construit un hôtel avec des bassins où l'on peut voir évoluer la faune des Caraïbes, depuis la langouste jusqu'au requin-dormeur. Je découvre même dans leur bassin un petit requin-tigre bien rayé, qui parcourt tristement son enclos. Une piste d'avion en dur, établie juste derrière l'hôtel, permet des liaisons rapides avec les autres îles.

J'avais entendu parler de Leslie Margolis, célèbre collectionneur de coquillages, qui plonge dans ces régions depuis des années. Je fais sa connaissance aussitôt, car elle se trouve sur la goélette mouillée en face de nous : le Ruby. Elle m'emmène faire un tour sur un haut-fond sablonneux au milieu de la baie, où l'on trouve de nombreux strombes. Pendant mes recherches, à l'approche d'un vivier grillagé, je me trouve nez à nez avec deux très grosses carangues argentées qui tournent autour du piège, excitées par les poissons prisonniers. De bonne humeur, j'invite tout le monde à déjeuner à Palm Island. Sorte de petit Monte-Carlo local, cette île portée sur les cartes sous le nom de Prune Island fut découverte par John Caldwell, après son tour du monde. Conquis, il en obtint le bail pour 99 ans, planta des cocotiers et des palmiers et du coup la rebaptisa. Il installa une piste d'avion, un hôtel-bungalows, un restaurant, des boutiques et le confort nécessaire pour passer des vacances de rêve, hors du temps et de la civilisation. Un immense plage de sable blanc borde une eau limpide et calme. Les fonds de coraux sont beaux et à la pointe sud, on trouve une véritable forêt de madrépores connus sous le nom de « corne d'élan ».

Dans l'après-midi, je pars du bateau en libre, pour faire des photos de coraux. Deux amis, Philippe M. et Philippe B., se proposent gentiment de venir m'aider. Nous partons le long de la côte et en arrivant vers la pointe, j'aperçois un gros bloc de corail plus au large, avec une forme dépassant sur le sable. Me doutant un peu de l'animal, je plonge et je découvre, posé sur le sable, un magnifique requin-dormeur, je dois l'avouer, le plus gros que j'ai vu aux Caraïbes. Voulant le prendre en photographie, sortant des rochers, j'explique à mes deux compères ce qu'ils doivent faire : plonger, tirer la queue d'un coup sec, pendant que je serai de l'autre côté, prêt à photographier. On plonge ensemble et je vois, amusé, le premier Philippe se rapprocher, se pencher pour regarder ce qu'il y a après la queue, me regarder en me faisant signe que je suis complètement fou et prendre le large avec prudence. Je remonte, appelle le deuxième Philippe, lui explique que c'est un requin-dormeur, qu'il en a vu dans les bassins d'Union, la veille, et qu'il n'y a aucun danger. En lui laissant entendre qu'il est cou-

Broutant une branche de gorgone, un coquillage à la robe éclatante, le flamingo tongue (Cyphoma gibbosum).

Défilant dans le décor caractéristique de la mer des Caraïbes, un banc de barracudas (Sphyraena).

Un nudibranche au décor vert ocellé de blanc.

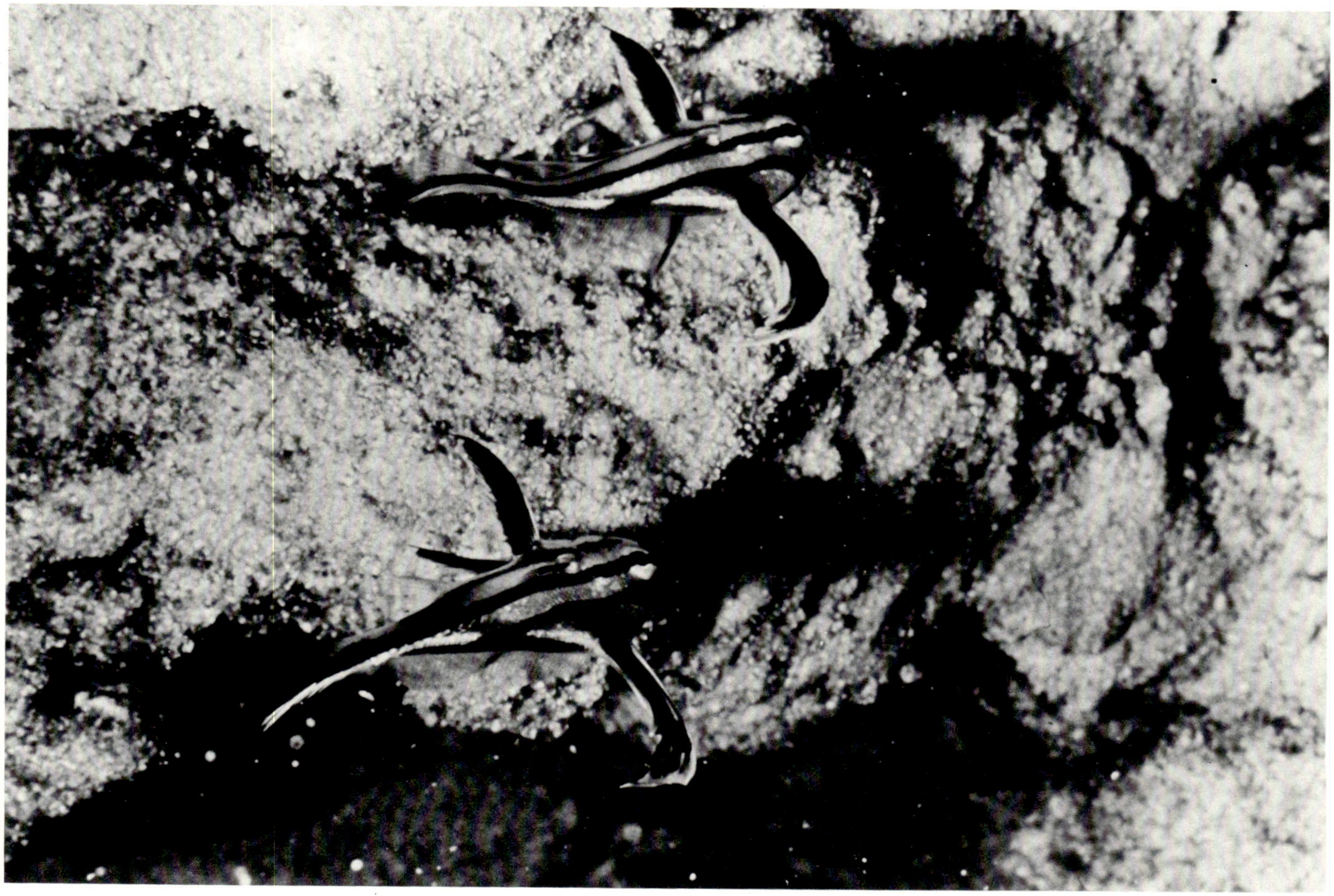

Des poissons-soldats (Equetus)

Annelide : Hermodice carunculata polychete.

Habitant des épaves, le priachante (Priachantus hamrur)

La merveilleuse transparence des eaux turquoise des Grenadines.

rageux et qu'il va ainsi donner une leçon à notre ami. On replonge tous les deux ensemble. Et la même scène se répète. Voyant la taille de la bestiole, il me fait de grands signes que je comprends négatifs et prend le large à son tour. Je me retrouve seul au-dessus du bloc de rocher avec mes deux zèbres nageant à bonne distance, dans une prudente expectative. Je les invective sans aucun résultat et me retrouve dans l'obligation d'agir seul. Je replonge et m'approche par-devant pour essayer de le tirer par sa nageoire. Je dois troubler une énorme sieste, car il ne veut rien entendre. C'est un gros morceau très lourd à remuer. Finalement, après de longues discussions où je me retrouve plusieurs fois le dos dans le corail de feu, il consent enfin à sortir. Au moment où il passe devant moi, je me retourne pour voir la tête de mes deux amis qui observent prudemment la scène de loin et je regrette qu'il n'aille pas dans leur direction pour les voir partir affolés. Inutile de vous préciser que le dîner sera une grande « mise en boîte » avec questions et réponses dans le genre de : « il est plus sage d'aller à la pêche à la crevette », « ce n'est pas écrit dessus que c'est un dormeur », « c'était un monstre énorme », « je n'aime pas tirer le diable par la queue », « il fallait peut-être que je lui tape sur l'épaule et que je lui demande : pardon Monsieur, êtes-vous dormeur ? » Cette anecdote laissera des surnoms à certains et fera naître un suite d'histoires pleines de saveur.

Le lendemain, nous avons gagné Carriacou, l'île la plus sauvage qui offre un mouillage magnifique dans la baie d'Hilsboro, devant Sandy Island. C'est un bouquet de verdure, cerclé d'un anneau de sable d'or. Dans quelques mètres d'eau, un merveilleux jardin botanique sous-marin offre un spectacle permanent : des murènes-léopards se faufilent entre les blocs, des petits thonidés viennent chasser les bancs de petits poissons qui flottent en rangs serrés le long des coraux et les perroquets se glissent entre les branches des cornes d'Elan. C'est un petit Disneyland aquatique. Je passais de longues heures dans l'eau à parcourir ces coraux et j'eus la chance d'apercevoir, cachés sous un bloc de pierre, deux petits poissons que je n'avais jusqu'alors jamais vus. De la famille des poissons-faucons, ce sont une variété de « *goniistius zebra* » rayés noir et blanc, ils possèdent des nageoires supérieures et inférieures très allongées. Refusant de quitter leur abri et de s'aventurer en pleine eau, il a fallu que je les déloge et que je reconstitue un abri dans lequel ils se réfugient, mais qui soit suffisamment grand, pour que je puisse glisser mon appareil et les photographier.

A quelques miles au large, j'aperçois deux pitons rocheux qui sortent de la mer. Leur situation doit offrir de grandes possibilités, ce que me confirme Gilbert Roman, le skipper de notre bateau. En nous en approchant, nous découvrons qu'ils sont couverts par une nuée de pélicans qui s'envolent lourdement à nos coups de sirène. Je me mets à l'eau rapidement et je découvre le plus beau coin de plongée de toutes les Grenadines. Les parois sont à pic et le long s'étalent des forêts de gorgones de toutes les couleurs, dont certaines atteignent plus de deux mètres de haut. Elles se balancent dans le courant, entourées de coraux arborescents. Des bancs de barracudas tournent sans cesse autour de nous et en gagnant le fond vers trente mètres, j'aperçois plusieurs requins. La nature est très riche et très belle à regarder. Les éponges ou spongiaires sont énormes et offrent de nombreuses formes depuis les éponges rondes en forme de calebasse, allant du rouge au violet, jusqu'aux grands tuyaux d'orgue, d'un jaune éclatant. Certaines ont une taille qui permet à un homme de s'y cacher.

La dernière escale sera sur ma demande : Chatam Bay. C'est une grande crique sauvage très verte où poussent des plantations de palmiers et d'arbres à pain. Cet arbre à pain fut ramené du Pacifique par le capitaine du Bounty à la demande des planteurs, afin de nourrir les esclaves. Les pointes de la baie, sauvages et couvertes de cactus, abritent des iguanes terrestres. A notre arrivée, les natifs de la plantation descendent sur la plage et nous appellent pour nous offrir de la marijuana ; je laisse mes amis sur la plage et je me fais déposer à la pointe nord de la baie. Là, je me mets à l'eau avec ma caméra et pars dans le remous, le long des grands blocs de rocher. Comme auparavant, je retrouve agglomérés près de la surface, des bancs de petites sardines, qui semblent chercher un abri le long de ces rochers. Je fais un tour

Devant un corail bleu Favites, et un spongiaire jaune, une murène tachetée : Gymnothorax morenga.

Un groupe de spongiaires très courant dans la mer des Caraïbes

Bateaux de charter à l'ancre dans la passe entre Petit Bateau et Petit Rameau.

Le Snark*, yacht de charter au mouillage dans les Tobago Cayes.*

La goélette Ruby *sortant de la baie d'Union.*

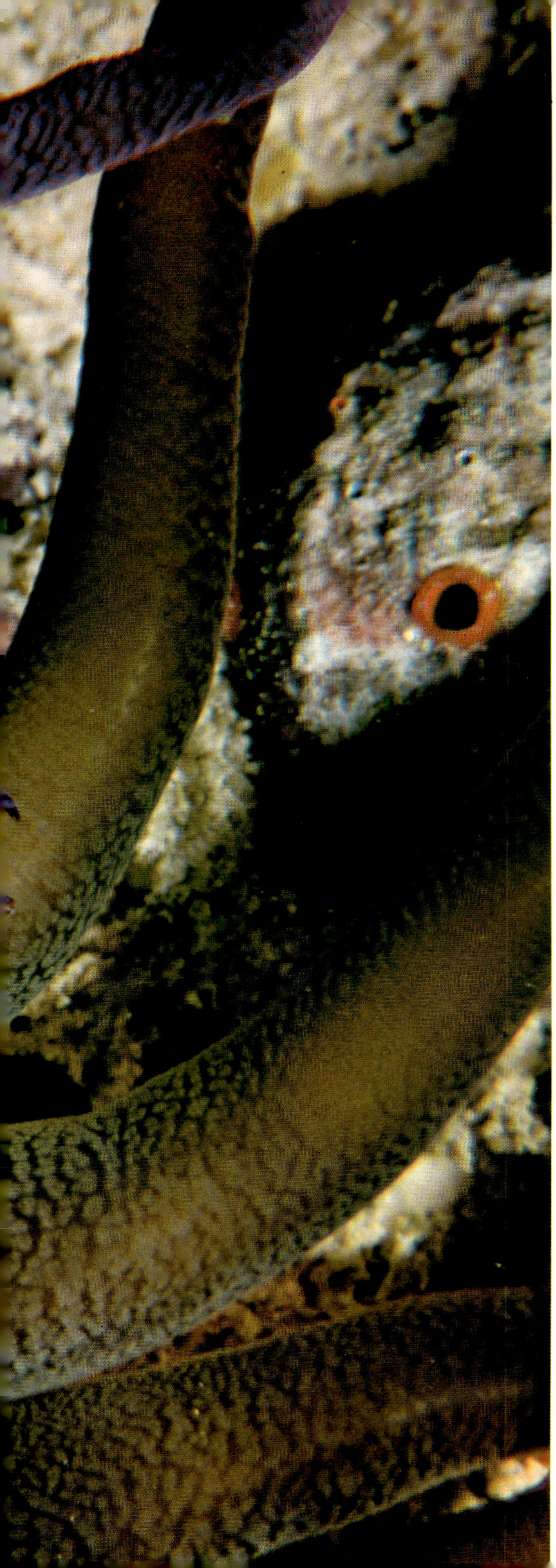

Une crevette nettoyeuse (Periclimenes) *vivant en symbiose dans une anémone de mer* (Condylactis gigantia).

Des panaches de serpules (giganteus) *déployés dans le courant.*

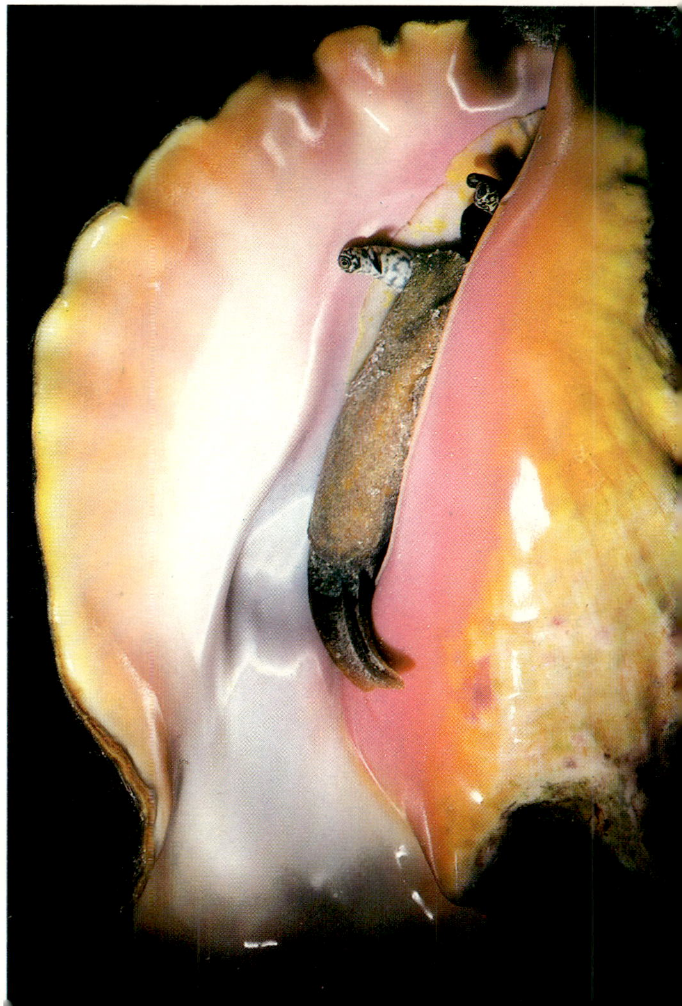

Un strombe (gigas) *montrant ses yeux et son pied terminé par un opercule.*

de reconnaissance et m'installe pour attendre, derrière un rocher, face au large. Un certain moment se passe, sans rien, quand tout à coup, c'est l'affolement parmi les sardines. Trois éclairs argentés sont arrivés du large et ont foncé vers ces milliers de bêtes qui se sont mises à tourner en rond, réagissant ainsi à un vieux réflexe d'autodéfense. En principe, chaque jour, en fin d'après-midi, les tarpons arrivent pour se nourrir, car ils savent que les sardines ont l'habitude de se réfugier à cet endroit. Le tarpon est un poisson argenté, à la mâchoire inférieure proéminente, doté d'une nageoire caudale, très importante, qui lui permet des démarrages foudroyants et également de faire hors de l'eau des bonds de plusieurs mètres. Une de ses caractéristiques est constituée par ses écailles qui se chevauchent parfaitement et dont l'épaisseur et la dureté sont telles qu'elles font ricocher les flèches du chasseur. Ce sont des carnassiers voraces et je reste admiratif devant leur technique de chasse. Passant à plusieurs autour des sardines, ils les affolent et les contraignent ainsi à tourner sur elles-mêmes, pratiquement condamnées à mort. A tour de rôle, ils rentrent tranquillement dans cette masse tourbillonnante, la gueule ouverte et mangent tranquillement. Ces tarpons, dont certains spécimens atteignent deux mètres au Brésil, étaient le but de ma visite à Chatam Bay.

Je quitte sur ces images les Grenadines et l'île d'Union d'où un petit bimoteur Cessna m'emmènera jusqu'à Fort-de-France.

Un iguane terrestre (Cyclura) vivant encore dans certaines îles des Grenadines.

6
mer de java pulau seribu

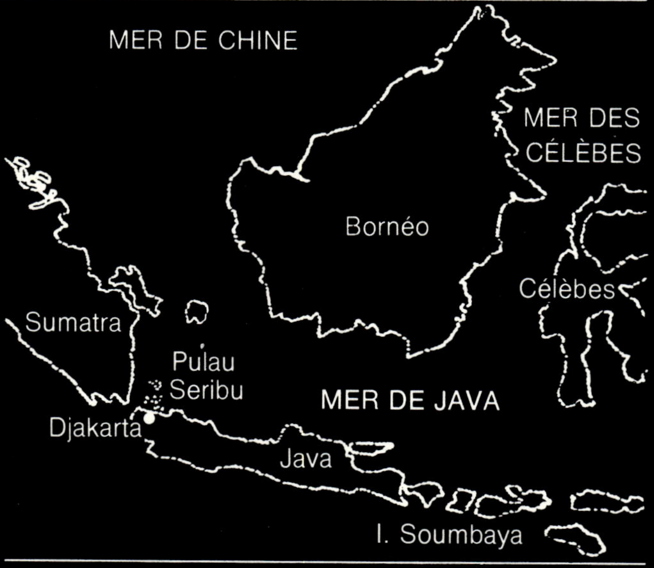

Une île de rêve et d'évasion de Pulau Seribu, « l'Archipel aux mille îles ».

La route de l'Indonésie passe par Singapour, plaque tournante de l'Orient, dont l'aéroport déjà dépassé va bientôt être remplacé par un nouveau complexe à l'image des Boeing 747 des Singapour Airlines, les premiers à offrir des couchettes.
Sur les pistes, des meutes de gros porteurs, Jumbo Jet

Un varan (lézard amphibie) vivant sur l'île de Pulau Putri.

et DC 10 déversent les flots de notre société de consommation.

Dernière escale : Djarkarta, capitale surpeuplée de l'Indonésie, offre le contraste d'hôtels et d'immeubles ultra-modernes à côté de canaux ancestraux et de vieilles maisons de bois perdues dans les jardins.

Le port des voiliers révèle les merveilleux bateaux des Célèbes qui depuis l'Antiquité font le transport des bois précieux tels le macassar, l'ébène et le tek. Les bateaux, peints de couleurs vives, possèdent des bout-dehors qui atteignent quatre à cinq mètres.

Après une visite au marché aux poissons et aux échoppes des vendeurs de coquillages, je prends un sky van, petit avion-cargo dans lequel on rentre par une rampe inclinée à l'arrière. Au bout d'une demi-heure de vol, nous survolons « Palau Seribu » l'archipel aux mille îles, et atterrissons sur une piste qui constitue, tel un porte-avion, la totalité de l'île.

« Selamat Pagi » (bonjour) me crie le capitaine du vieux steamer qui va m'emmener jusqu'à mon but : Pulau Putri.

Parfaitement aménagée, cette île possède une végétation luxuriante avec des plages de sable fin bordées par une barrière de corail. Perdus dans les arbres, des « Pondoks » (bungalows de bois) vous offrent le calme des nuits tropicales, parfois troublées par le bruit d'un biawak cherchant sa nourriture. C'est un lézard géant qui peut atteindre trois mètres. Animal amphibie, il traverse parfois le bras de mer qui sépare Pulau Putri de l'île voisine. Le matin, il est courant de voir la trace de son passage : des marques de pattes incrustées dans le sable et surtout le sillage de sa longue queue. Il n'est pas dangereux comme son cousin, le célèbre varan de Komodo, bête préhistorique et redoutable carnassier qui n'hésite pas à s'attaquer à l'homme.

Au cours de l'été de 1974, un touriste imprudent, de nationalité suisse, fut dévoré par une de ces bêtes qui chargent à une vitesse non négligeable.

Un petit centre de plongée permet de découvrir les fonds qui rappellent quelque peu les îles Dahalak sur la côte éthiopienne. En effet, cet archipel est constitué par un immense plateau sablonneux, dont la profondeur n'excède pas quarante mètres dans les passes, et d'où émergent une multitude d'îles. Les coraux riches et variés en couleurs sont groupés en mini-barrière le long des tombants.

Pour me rendre aux îles voisines, je loue un « prahu », barque locale peinte de couleurs vives, équipée d'une voile quadrangulaire caractéristique. Ces bateaux, sans quille, atteignent une grande vitesse grâce à un système de contrepoids, constitué par une lourde planche de bois de tek ; une extrémité est passée dans un anneau de corde situé au milieu du navire. Un marin installe un jeu de cordages sur le mât et constitue une sorte de trapèze qui leur permet ainsi de se tenir en équilibre sur l'autre extrémité de la planche. Suivant la force du vent, l'homme évolue sans cesse jusqu'à toucher l'eau.

Matin et soir, je pars ainsi à l'aventure, découvrant des maisons de pêcheurs, de petits villages où les habitants vous accueillent avec une grande gentillesse. Je rencontre des indigènes pratiquant la pêche à l'épervier et de ravissantes petites filles, des fleurs dans les cheveux, jouant avec des tortues captives.

Bien que l'on trouve des sailfish à l'extérieur de l'archipel, j'ai très rarement rencontré de gros animaux. Par contre, les massifs coralliens abritent des myriades de petits poissons et des oursins très colorés dont les longs piquants, telles des banderilles, laissent un souvenir douloureux. Les fonds sont très riches en coquillages. Je trouve des cônes *Marmoreus* énormes, des *Pulicarius* aux dessins particuliers et, pour la première fois, je vois un Peigne de Vénus vivant, sortant un long corps couronné de son opercule.

En arrivant à Semut Kecil, l'île des « Kerangs » (coquillages), je vois partir un grand bateau noir à l'étrave recourbée comme un cimeterre, dont les marins de noir vêtus me font aussitôt penser aux pirates malais que l'on rencontre dans les livres d'aventures.

Un certain matin, en quittant l'embarcadère, j'aperçois deux hommes marchant sur le récif et discutant dans ma langue. Je me dresse sur le bateau et leur lance un chaleureux « Bonjour... Français ». Je m'entends répondre : « Bonjour... Monsieur » avec toute l'infinie nuance que peut donner la longue pratique du quai d'Orsay. Je ferai ainsi la connaissance

Corail encroûté (Leptastra purpurea).

Corail mauve : Acropora.

Version ancestrale du marin utilisant le trapèze sur les voiliers modernes.

de l'ambassadeur de France qui m'invitera à venir prendre un drink dans son pondok. J'aurai la surprise de retrouver le Colonel Sarah que j'avais connu du temps où il commandait la base aérienne de Djibouti. Le soir, le dîner se déroule au bord de la mer, au milieu des arbustes en fleurs, dans le calme d'une nature paisible qui n'est troublée que par le chant des oiseaux.

Parfois, lorsque le vent tombe, le soleil couchant étale une parure flamboyante sur la mer immobile, où flottent des fleurs de palétuviers. Après le dîner, je vais plonger dans la passe qui sépare les deux îles. La plongée de nuit est toujours impressionnante, même si l'on sait qu'il y a peu de *hius* (requins), il n'empêche que toute rencontre ou choc inattendu, dans le noir, déclenche une réaction de peur physique qui domine pendant quelques instants tout contrôle cérébral.

Mais c'est la nuit que l'on peut rencontrer et approcher des animaux rares, comme ce crabe fossile couvert de concrétions que je verrai apparaître dans le faisceau de ma torche et surtout cette harpe dont je découvre l'animal pour la première fois. C'était le dernier soir, je commençai à ressentir la fatigue des plongées accumulées. Après le dîner, étendu sur mon lit, je fume la pipe dans le calme de la nuit. Je ne me sens pas très chaud pour me rééquiper et me remettre à l'eau. Je dois me faire violence et j'en suis récompensé. Car, à peine quelques instants après m'être immergé, j'aperçois un animal étrange étendu sur le sable. En m'approchant, je découvre une harpe dont le manteau, disproportionné au volume du coquillage, s'étale dans un décor de taches marron et or sur fond crème. Ce corps ondule sur le sable comme un tapis des Mille et Une Nuits. Je contemple un long moment cette féerie, ne sentant plus le froid de l'eau, oubliant même que je me trouve dans un monde étranger.

C'est, je crois, pour le vieux plongeur arrivé au faîte de la pratique de son sport, le moment suprême, celui où faisant abstraction totale de sa condition momentanée d'homme-poisson, il arrive à pouvoir oublier le milieu dans lequel il évolue, pour s'abandonner tota-

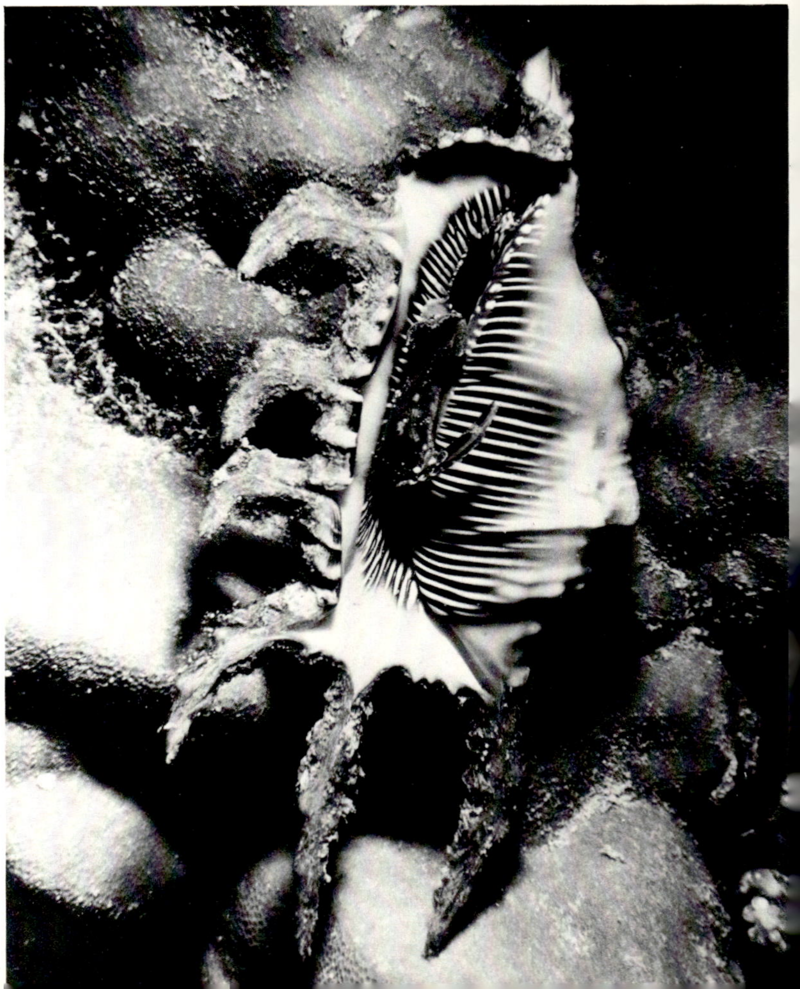

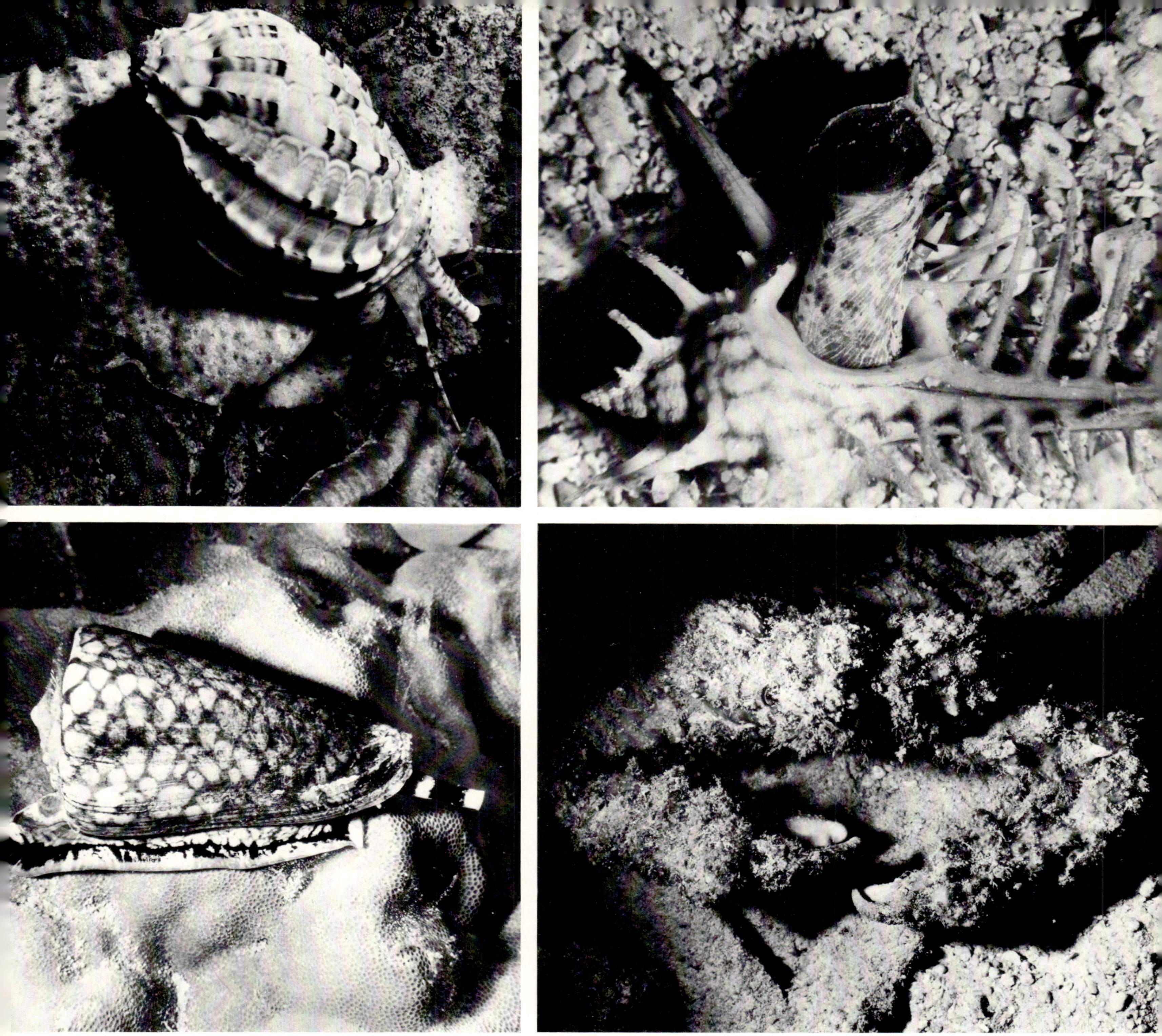

a *Limace de mer.*

b *Ptérocère-scorpion* (Lambis scorpius).

c *Une Harpe* (Harpa ventricosa) *avec son manteau tacheté d'or.*

d *Un cône marmoreus.*

e *Un murex* (Nigrospinosus).

f *Un crabe fossile.*

lement à la fascination d'un spectacle. C'est peut-être en sorte, une forme de l'ivresse des profondeurs, mais heureusement sans profondeur et sans danger.

Je décide de ramener l'animal pour le photographier de jour. Le lendemain je me penche vers le seau dans lequel j'ai déposé ma bête et quel n'est pas mon étonnement de trouver deux corps. Se sentant menacée, la harpe avait choisi de sacrifier la moitié de son corps pour tenter de sauver le principal. Cette opération « dichotomie » assez courante dans le monde sous-marin, est pratiquée par des animaux comme les poulpes, les ophiures, etc. Me sentant un peu coupable, je remets l'animal à l'eau.

Les barques (prahu) des pêcheurs avec leur lourde planche de bois de tek servant de balancier.

En quittant l'île, quelques instants plus tard, j'aurai un dernier regard vers la crique où j'ai laissé cette bête qui doit être en train de repartir vers une nouvelle vie.

« Selamat Jalan » Adieu Pulau Putri.

Une petite fille de pêcheur à l'île de Meliny.

P. 106

Tel un camée, une forme géométrique du corail : Pachyseris speciosa.

P. 107

Pêcheur lançant son épervier.

L'archipel de Pulau Seribu.

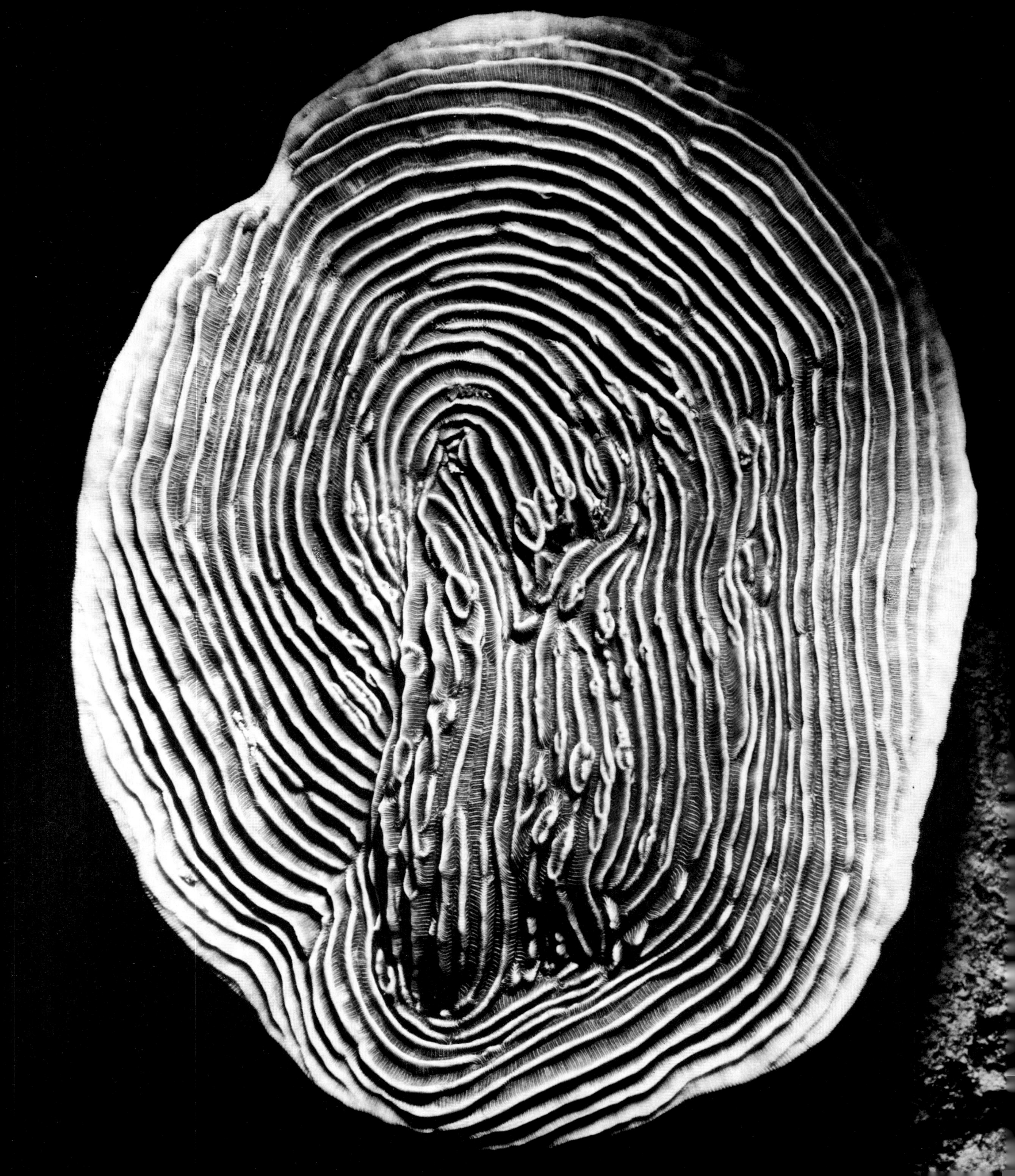

7

océan pacifique les îles marquises et tuamotu

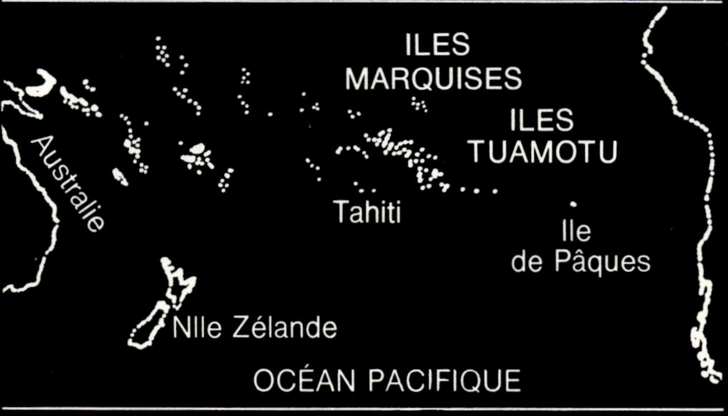

Le Shaitan *merveilleux swan 65 au mouillage dans le lagon de Rangiroa.*

L'archipel des Marquises comprend six îles principales : Hiva Oa, Tahuata, Ua Pou, Nuku Hiva, Ua Huka, Natu Hiva. Situées à 1 400 kilomètres de Papeete, elles font partie de la Polynésie Française et sont les premières îles que rencontrent les navigateurs qui traversent le Pacifique, en partant généralement de la zone de Panama pour profiter des alizés favorables.

D'origine volcanique, elles possèdent des pics et des montagnes élevés atteignant plus de 1 200 mètres. Sur l'île d'Ua Pou des pointes rocheuses se dressent dans le ciel comme des épées de pierre. Les îles sont séparées par des arêtes rocheuses et divisées en vallées profondes couvertes d'une intense végétation. « Taipi » le passionnant livre de Melville sur les Marquises décrit la vie tribale et guerrière des populations qui habitaient ces vallées.

Lorsque Cook découvrit en 1768 ces îles, il estima la population à 100 000 habitants. Actuellement, décimée par les guerres tribales et surtout les maladies apportées par les blancs, elle ne compte guère que cinq à six mille sujets. Ils vivent heureux le long de la côte, grâce à une nature plus que bienveillante qui leur donne à l'état naturel toute la nourriture : arbre à pain, mangue, papaye, avocat, ananas, goyave, noix de coco, etc.

Des chevaux semi-sauvages sont à leur disposition, surtout à Tahuata, où l'on voit des troupeaux venir se baigner le long des plages. Quelques rares sculpteurs dont Kemitété continuent la tradition des sculptures en pierre de lave ou de bois.

Seulement reliés au monde par un petit avion de dix places qui vient une fois par semaine, les Marquisiens vivent décontractés et heureux, un peu à l'écart des méfaits de la civilisation.

Les missions qui avaient débarqué sur ces îles avaient étouffé cette race, les éloignant de leur civilisation et les empêchant même de chanter. Abusant de leur naïveté, un « évêque » local avait réussi grâce à des testaments de dernier moment, à acquérir une partie de ces îles. Il vivait comme un potentat avec

Dans le fond du lagon d'Ahe, le bateau de Bernard Moitessier devant son motu (île) et son fare (maison).

deux femmes. L'église ayant mis bon ordre à cette situation, ces indigènes ont retrouvé la sérénité de la vie naturelle, sans problème, et se laissent vivre en chantant et en pêchant, parfois d'ailleurs par excès de boisson.

Etant donné la longueur des pistes d'atterrissage, l'avion n'emmène que dix personnes, dont les places sont retenues parfois des mois à l'avance. Ce qui met ce lieu à l'abri du tourisme intensif.

Connaissant toutes ces données, j'apprends qu'un bateau de charter français, équipé pour la plongée, doit traverser le Pacifique et atteindre les Marquises au début de l'année.

Je décide de profiter de l'occasion et loue ce bateau. Le voyage est particulièrement long : douze heures pour Los Angeles sur Air France, puis changement de ligne ; dix heures de vol sur le confortable DC 10 d'U.T.A. jusqu'à Papeete. Nouveau changement de ligne : Air Polynésie avec un bimoteur Britten Norman Islanders. Décollage de Papeete et survol des magnifiques atolls des Tuamotus dont Aratua avec son grand lagon rond. Nous faisons escale à Manihi après trois heures de vol pour 520 kilomètres. C'est une île où l'on a installé une station de culture de perles. J'assiste au ravitaillement en essence avec des fûts métalliques que l'on transvase avec un ingénieux système de bouteilles de plongée, dont l'air comprimé fait office de pompe sous pression. Redécollage avec pour but final Hiva Oa, quatre heures de vol avec suspense car le pilote m'apprend que si le vent force au-dessus de 30 nœuds, il n'y a pas de marge de sécurité suffisante en essence ce qui inclut un point de non-retour. Arrivant sur Hiva Oa, le commandant me montre un piton escarpé et me signale que l'on atterrit juste derrière. En effet, en contournant la montagne, j'aperçois une crête de colline rasée. Je réalise alors la raison du nombre limité de passagers et de bagages. Nous partons en jeep grâce à Monsieur Rauzy, le Maire et l'homme orchestre de l'île : correspondant d'Air Polynésie, restaurateur, épicier, entrepreneur de travaux publics, etc. Nous descendons sur une piste en terre battue à travers la forêt, jusqu'à la baie d'Atuona où

'aperçois mon bateau : Eryx II. A côté, sont mouil-
és deux bateaux américains et un grand ketch noir.
'apprends que c'est l'« Askoy », le bateau de Jac-
ues Brel qui vient de traverser le Pacifique en
7 jours. Sans escale, car il n'a pas pu s'arrêter aux
ɜalapagos, le gouvernement de l'Equateur n'autori-
ant cette halte qu'à de rares bateaux. Jacques Brel
ut initié aux joies du bateau par un belge, Vic Varo-

ueer, qui en décembre 1973 était avec son bateau le
Kalais » aux Canaries, à Las Palmas. Cet industriel
e Mons était passionné de croisière et conseilla Brel
our l'achat de son bateau l'« Askoy ». Ils se retrou-
eront aux Antilles où ils passeront ensemble une
nnée. Avant de traverser Panama, Brel embarqua à
on bord Roger le skipper du « Monrog » pour dé-
ouvrir les îles sauvages qui se trouvent en face du

a		e
b	d	f
c		g

a Sur la place du village de Manihi, un tau, grand arbre aux fleurs jaunes.

b Église de l'île de Tahuata aux Marquises.

c Poisson-coffre : Ostracion whitley.

d La pointe escarpée de l'île d'Ha Pou.

e Nudibranche.

f Marquisien montant un cheval à cru.

g Au mouillage de Toau, chants d'adieux de nos amis tahitiens Tane et Terü.

Venezuela, « Les Roques et les Aves ». Ces dernières sont, comme leur nom l'indique, une réserve naturelle d'oiseaux de mer. Aussitôt installé, je descends à terre jusqu'au village, car je veux voir la tombe de Gauguin. Sur une hauteur dominant la baie des Trépassés, se trouve la tombe du célèbre peintre, modelée en pierre de lave brune avec sur le côté une sculpture réalisée par Gauguin et apportée récemment par son neveu. Cimetière plein de poésie où les arbustes à fleurs embaument l'air. Je redescends visiter le village où Madame Rauzy, qui collectionne les coquillages, m'offre quelques spécimens. Nous quittons ce mouillage peu abrité où l'eau est très trouble, pour gagner l'île voisine Tahuata. Je découvre de grandes plages bordées de cocotiers où les chevaux sauvages viennent se baigner. L'eau semble plus claire. Ce sera le seul endroit valable pour faire de la photo en plongée. Au mouillage dans la baie de Hana Moe Noa, je trouve en plongée mes premiers coquillages, dont un cône *Marchionatus* et des porcelaines à la robe rouge éclatante. Les tombants sont abrupts et j'aperçois des raies-léopards qui longent la côte. Dans cette baie sablonneuse, on trouve, ce que nous apprendrons trop tard, des lambis rares : le *Murex crocata* aux longs doigts élancés. Les coraux sont assez rares et sont groupés par taches. Je remarque un nombre impressionnant de rascasses venimeuses et de poissons-plumes : les *Pteroïs*. Les murènes sont également abondantes.

Le lendemain, nous allons dans la baie où se trouve le principal village de l'île. Un petit appontement en pierre où nous débarquons au milieu des enfants en train de se baigner. J'aperçois des hommes à cheval montant à cru, avec pour seule rêne, un licol passé dans la bouche de l'animal. Je peux vous dire que, même pris de boisson, les Marquisiens montent à cheval comme des centaures. Je trouve, sous l'ombre d'un grand arbre, un groupe d'hommes en train de chanter, s'accompagnant au yukulélé. Ils donnent l'image de la simple joie de vivre dans un petit havre de calme et de paix. Je monte jusqu'aux maisons, où je découvre la land-rover de l'épicier dont le seul trajet est la route du port au village, soit cinq cents mètres. Une petite église au toit rouge rappelle la présence des missions. Les femmes, belles et accueillantes, nous offrent des mangues au goût divin du fruit que l'on vient de cueillir sur l'arbre.

Limité par le temps, je repars au petit matin et, les voiles gonflées par la grande brise du large, j'arrive en vue de l'île d'Ua Pou. A la pointe sud, l'îlot de Motu Takahé se dresse vers le ciel, me rappelant le pain de sucre de la baie de Rio. Cette île est hérissée de pyramides en pierre dressées vers le ciel comme des poignards. La végétation est toujours luxuriante et nous entoure dans le mouillage de Vaiehu. Dans ce village, le long de la mer, un canon ancien et une plaque commémorative rappellent la bataille que livrèrent les Français en débarquant. A travers de gros rochers où éclatent les lames, les pêcheurs rentrent sur leurs pirogues à balancier, en calculant le passage avec la vague qui les dépose à une vitesse folle jusqu'à la plage. C'est un exercice périlleux qu'ils accomplissent avec un calme désarmant. Mais à peine le bateau échoué sur les galets, il est remonté en hâte pour éviter que la vague suivante ne le reprenne. L'après-midi, nous gagnons le village principal dans la baie d'Hakahetau. De nombreuses maisons au milieu des arbres à pain et des manguiers. En cherchant à acheter des légumes, nous sommes amenés à une maison en bois où nous rencontrons un Français qui vit là avec sa femme marquisienne. C'est un ancien fonctionnaire qui s'est installé dans le calme de la nature pour écrire. Il nous offre l'hospitalité, accompagnée d'un pastis bien de chez nous. La terre est très fertile et il nous montre son potager où nous découvrons des tomates, des haricots, des salades qui poussent en abondance. Sa femme fait cuire dans un feu de bois les fruits de l'arbre à pain, qui poussent à côté de la maison. Seule concession à la vie moderne, la radio. Le soir, les habitants viennent en pirogue nous apporter des avocats et des mangues.

Le temps passant hélas trop vite, je quitte cette île pour aller à l'île principale et dernière étape, Nuku Hiva. C'est l'une des plus grandes, où se trouve la capitale. Je passe l'avant-dernière journée dans une crique isolée, « Hakatea », où l'on m'a signalé un lagon de corail. J'y découvre trois bateaux américains dont une jonque stylisée avec flotteurs à balancier.

Nudibranche.

Porcelaine vitellus avec son manteau sorti.

Je passe deux heures dans une eau parfaitement trouble où l'on ne voit pas à un mètre. En rentrant je m'arrête au bateau des Américains pour savoir pourquoi ils m'ont fait de grands signes quand je suis passé. J'apprends avec plaisir que cette baie est infestée de requins et qu'ils ont dû sortir de l'eau le matin devant une meute menaçante. Cela ne me décourage pas d'aller explorer les massifs de coraux à l'entrée de la baie, où l'eau est nettement plus claire. Ce sera une bonne idée, car j'aperçois mes premières langoustes. Rassemblées en groupe autour d'un massif de madrépores, elles dessinent une grande fleur dont les pétales seraient les têtes des langoustes. Ce sera l'occasion de manger une chair que je pensais trouver en abondance. Ce qui est curieux, c'est qu'on ne les voit jamais le jour. Je sais pourtant qu'elles abondent, car les pêcheurs vont à la tombée de la nuit avec des torches les capturer au harpon le long des rochers sans même se mettre à l'eau. En fin d'après-midi, je vais visiter une plantation installée le long de la plage, au milieu des arbres. Les maisons sont perdues dans les fleurs à côté d'un ruisseau où je cherche en vain des chevrettes. Ce sont de petites écrevisses que l'on trouve dans tous les ruisseaux des Marquises. Dans les herbes, je croise des cochons sauvages et des chevaux venus boire au ruisseau. Mais je dois battre en retraite rapidement, poursuivi par les moustiques.

Au petit jour, nous montons à travers une mer mauvaise, jusqu'à la grande baie de Taio Haé, la capitale, où je compte trouver le bateau qui doit m'emmener le lendemain à l'aéroport, qui se trouve sur l'île voisine d'Ua Huka. C'est du moins ce que le capitaine m'a annoncé car, en arrivant, je ne vois que des bateaux à voile et même une réplique d'un ancien vaisseau de ligne, genre Bounty. Mais pas de landing-craft à l'horizon. C'est là que va commencer l'aventure. Je vais rendre visite à l'administrateur qui me reçoit très aimablement et m'apprend que ce bateau est parti le matin pour aller attendre un avion supplémentaire amenant de hauts fonctionnaires. Informant mon capitaine de ce fait et lui demandant donc de m'amener à l'aéroport, j'apprends avec étonnement qu'il n'a pas suffisamment de fuel pour pouvoir faire la traversée au moteur. Or il y a une distance de quarante-

Un poisson-pierre (Scorpanidae inimicus) *des îl*
Marquises à la robe rouge.

P. 116
Un des plus extraordinaires nudibranches du Pacifique : Nembrotha.

quatre miles à parcourir et je l'imagine difficilement effectuée à la voile face à la mer mauvaise et au vent debout. J'essaie d'intervenir auprès de l'administrateur pour qu'il fasse rentrer spécialement son bateau. Il m'indique alors qu'il connaît un pêcheur local qui possède un speed-boat. Nous voilà partis à la recherche d'un certain Tiaopaé. Nous l'attendons à sa maison où je remarque sous un abri un genre de chriscraft avec un moteur Penta Volvo. Finalement, nous le trouvons chez l'épicier, le Chinois du coin, où il est en train de boire un petit coup avec ses copains. Il m'assure qu'il a l'habitude de ce genre de traversée et, après discussion de la somme, nous prenons rendez-vous à trois heures du matin. Je profite de mon après-midi pour visiter ce village où de nombreuses maisons sont caractéristiques avec des piliers en bois sculpté et de nombreux « tiki ». Devant la maison de l'administrateur, quatre magnifiques sculptures en pierre me font découvrir la beauté de l'ancien art mélanésien. Cette baie très abritée possède de nombreux arbres à fleurs dont des flamboyants au feuillage rouge éclatant. Je monte dans la petite vallée où je découvre une grande partie du village indigène perdu au milieu des fleurs et des arbres à fruits.

Trois heures du matin ; j'embarque avec mes bagages sur une vedette rapide avec juste un taud en toile, un seul moteur et évidemment pas de radio. Je m'apercevrai rapidement qu'il n'y a pas non plus d'essuie-glace et c'est vraiment l'aventure stupide. Nous quittons la baie qui est relativement calme pour déboucher en pleine nuit sur une mer plutôt mauvaise.

Les creux sont assez importants et le bateau saute de crête en crête en retombant lourdement. Les embruns s'écrasent sur le pare-brise et l'on n'y voit pratiquement rien. Je suis assis sur un siège sans bras et je passe mon temps à faire des bonds en retombant lourdement, ce qui me fait penser aux séances de rodéo américain. Je passerai ainsi quatre heures et demie cramponné à mon siège, éclaboussé par des gouttelettes d'eau qui rentrent sur les côtés, avec la crainte de voir mon matériel complètement détérioré.

Nous avançons dans la nuit et dans la grande houle du Pacifique. Au bout d'une heure et demie, nous sommes toujours dans le noir et l'île vient de disparaître derrière nous. J'avoue que je suis assez impressionné de me retrouver en plein Pacifique sur un petit bateau qui n'a aucun moyen de secours, ni radio, ni boussole et j'imagine ce qui pourrait se passer si le moteur tombait en panne. Mon pêcheur marquisien, qui rigole sans arrêt, semble tout à fait décontracté et se guide sur une étoile, dont je le vois suivre le cap régulièrement. Au bout de deux heures et demie, je distingue enfin dans le lointain une masse noire, c'est notre but l'île d'Ua Huka. Je demande à Tiaopaé où est le port car nous venons de longer une grande partie de l'île et nous sommes le long d'une falaise où les lames viennent déferler avec des montagnes d'écume. Il me montre les falaises. En effet, j'apercevrai une faille, dans laquelle la mer s'engouffre avec fracas et c'est avec appréhension que je le verrai dépasser cette entrée pour se mettre le dos à la lame et rentrer entre deux vagues. C'est avec un grand soulagement que je me retrouve dans l'eau calme d'une grande baie. Nous approchons et j'aperçois deux splendides gaillards assis sur une pirogue sur la plage. Je comprendrai un peu plus tard, leur présence insolite sur cette plage déserte. Le bateau s'approche le plus possible à échouer et jette l'ancre. Je demande à Tiaopaé comment je vais débarquer, car il reste cinq, six mètres d'eau à franchir et il n'a pas d'annexe pour débarquer. Il me montre en riant les deux hommes qui sont là et les appelle. Je vois arriver mes deux costauds, qui ressemblent à des lutteurs japonais et on m'explique que leur métier est de débarquer les gens sur leur dos. Et je me retrouve sur les épaules d'un de ces gaillards, en équilibre précaire. Je préfère vous dire que je me suis cramponné à la tête et que si j'étais tombé, je serais parti avec les oreilles. Finalement, j'arrive sur le sec sans dommage et ayant récupéré mes bagages, je me trouve devant le problème de rejoindre l'aéroport.

Finalement, j'embarque sur une camionnette Peugeot brimbalante et je traverse toute l'île par des routes assez escarpées pour arriver à l'aéroport. J'attendrai finalement deux heures cet avion qui arrivera en retard. Ainsi se termine l'épisode des îles Marquises et ma première intrusion dans l'immense monde du Pacifique.

*Poisson-clown (*Amphiprion ocellaris).

P. 120
Une crevette vivant dans les coraux (Stenopus hispidus).

Ces célèbres Tiki sculptures en pierre mélanésiennes.

L'année suivante, je parcours les Tuamotu à bord du « Shaitan » avec Lise et Olivier Lafourcade. Débarquant à Rangiroa, le plus grand atoll dont le lagon s'étend sur quatre-vingts kilomètres, je découvre le village de vacances de Kia Ora et son créateur : Serge Arnoux, un des héros de l'expédition Moana. Je plonge à l'extérieur du lagon, au milieu de raies-manta et rentre avec la marée haute par la célèbre passe de Tiputa. Au milieu d'un courant de sept nœuds, je défile devant des bancs de poissons qui, pour une fois, jouent les rôles de spectateurs. Traversant le lagon, nous allons mouiller à Vahituri où de grands bancs de sable bordent une petite forêt pleine de charme et de moustiques. Grâce à des passes qui communiquent avec la mer, l'eau, par endroit cristalline, permet de réaliser des photos d'une grande luminosité. Ce lieu est aussi le domaine des requins-citrons, habitants des lagons à la mauvaise renommée.

A Manihi, étape suivante, je rencontre Coco Chaze qui pratique la culture des perles noires. Il a installé des fermes sous-marines où les huîtres perlières sont déposées, suspendues à de grands grillages. Deux fois par an, des spécialistes japonais viennent opérer en introduisant dans l'huître un greffon issu de palourdes du Mississipi.

Dans le fond du lagon, à proximité de la piste, un village d'un nouveau style, formé en partie de bungalows sur pilotis, est en cours d'achèvement.

Sur la place du village, le long du quai, les femmes discutent sous l'ombre d'un immense tau, grand arbre aux fleurs orange, pendant que les hommes partent plonger pour inspecter les parcs. En vue de l'atoll d'Ahe, nous prenons la passe de Tiareros et allons mouiller au fond du lagon devant les trois bornes du village de Temkupara. Devant un motu je découvre un ketch rouge, c'est le bateau de Bernard Moitessier, le célèbre navigateur. Il vit là avec sa nouvelle femme, Hélène, et son fils Stéphane.

Sur la route du retour, nous accostons le long du quai dans la passe de Pakaka où l'eau possède la transparence du cristal. Le centre de pêche tout proche et les parcs à poissons attirent les requins que l'on voit passer sans arrêt. J'entends raconter pour la première fois la légende du méchant requin marron : les Tahitiens affirment qu'il ne faut pas attaquer et blesser le requin marron qui rentre parfois dans les parcs à poissons. Car, une fois blessé, il s'en va mais se souvient de l'endroit où il a été meurtri. Il revient toujours et alors saccage tout, n'hésitant pas à attaquer l'homme. M. Gaillard, qui dirige la pêcherie, m'a confirmé la véracité de cette légende par une aventure personnelle, vécue l'année précédente.

Une plongée de nuit dans la passe nous offrira un petit incident avec les requins. Nous venions d'atteindre le fond de la passe au milieu d'un léger courant. J'effectue un balayage circulaire avec ma torche qui est très puissante, et je prends dans le faisceau un gros requin qui devait nous suivre depuis un moment et qui se trouvait derrière nous, pratiquement à l'arrêt, ou peut-être à l'affût. Surpris par cette lumière intense l'animal, après un démarrage foudroyant, passe entre nous à nous toucher, à une vitesse telle que je n'ai même pas le temps d'appuyer sur mon déclencheur. La réaction ne se fait pas attendre et le regroupement des plongeurs en rang très serré s'effectue comme dans les dessins animés, en une fraction de seconde.

La baie des Trépassés dans l'île Hiva Oa (Marquises).

La tombe de Gauguin au cimetière d'Atuona.

près un bref séjour à l'île de Toau, je quitte les ıamotu sur les images de la traditionnelle fête adieu que donneront nos amis « Puamotu », Tané, femme Violette et Terii, en venant à bord, boire, ınser et chanter.

8
venezuela
les îles aves

Un strombe « gigas » dont l'animal constitue un mets très recherché dans les Caraïbes.

Après une escale à Santa Maria, j'arrive à Caracas après six heures de vol avec des pointes à Mach 2,04. C'est le programme de l'avion de demain réalisé par « Concorde ». Le voyageur ressent au décollage une impression de puissance contenue et surtout une stabilité totale, sans la moindre vibration.

Le long de la côte, au pied de la montagne, se situe La Guaira qui englobe le port et l'aéroport. Je passe la nuit au Macuto Sheraton hôtel dominant des marinas bourrées de bateaux.

Caracas, la capitale du Venezuela, ville en pleine expansion, s'étend dans une vallée au milieu des montagnes. On y accède par des autoroutes décorées de panneaux modernes très colorés et par un téléférique reliant directement La Guaira à Caracas. Rappelant un peu Rio de Janeiro par sa favellas (quartiers pauvres où les maisons sont généralement en bois ou en tôle) perchées au flanc des contreforts, la ville est survolée par des autoroutes qui distribuent, quartier par quartier, une circulation très dense. L'essence ordinaire coûte 17 centimes le litre ! (sous peine de voir surgir des questions sans réponse acceptable, je vous déconseille de faire le calcul entre ce prix et celui du super dans certain pays...)

Ceci explique l'abondance des voitures américaines et le nombre des cabin cruisers dans les marinas.

Le lendemain, j'embarque avec mon ami Yves, survivant de l'époque héroïque des Daltons, sur un petit ketch le « Monrog ». Après une traversée à Mach 0,014 sur une mer d'huile, j'arrive à l'aube en vue de la balise des Aves Barlovento. C'est un grand lagon bordé sur une faible partie par une mangrove où vivent des milliers d'oiseaux. Première plongée à l'extérieur du récif où je rencontre de gros mérous qui partent, affolés, avec un bruit de détonation, des perroquets bleu vif et les premiers tarpons.

L'après-midi, je pars en zodiac pour photographier les oiseaux que j'aperçois à la jumelle, perchés en rangs serrés sur chaque branche d'arbre. En arrivant dans le marigot que sillonnent de nombreux requins, nous sommes entourés par des nuages d'oiseaux qui se sont envolés des palétuviers, affolés par le bruit du moteur. C'est une impression inquiétante que ces milliers de becs et de pattes qui vous frôlent dans un concert de cris stridents. Les sternes et les cormorans plongent sans arrêt sur les bancs de poissons, suivis par des pélicans au vol lourd et saccadé. Le lendemain, nous partons à la recherche d'une épave le long de la barrière. Déployés en ligne nous avançons le long du tombant. J'arrive le premier à une espèce de cirque naturel, formé de très gros blocs de madrépores dont la tête affleure la surface. Je pénètre par l'une des trois entrées et me trouve nez à nez avec un requin de belle taille. Je m'avance vers lui, pensant le voir partir, comme cela se passe généralement. Au lieu de fuir, il commence à tourner dans cette arène naturelle. Au bout d'un moment, je sors mon couteau et c'est ainsi que Roger, le skipper du « Monrog », qui rentre par la passe, me trouve avec le requin devant moi. Au même moment, par l'entrée opposée, arrivent quatre requins dont deux dépassent les trois mètres. Roger, qui était en maillot de bain et qui, je pense, ne raffole pas de ces bêtes, se précipite derrière moi. Nous voyons, à notre grand étonnement, le premier requin rejoindre les arrivants et la bande réunie partir très tranquillement par la passe sud, sous le nez d'Yves qui vient d'arriver. Ce n'est peut-être que la simple histoire d'un rendez-vous d'animaux que l'on dit sauvages.

L'après-midi nous apporte une nouvelle aventure. Je me suis fait déposer avec Yves au milieu du lagon pour pouvoir plonger le long d'un massif de corail bordé d'une fosse assez profonde. Au bout de quelques minutes, j'entends un crépitement et levant les yeux, je vois la surface de l'eau blanchir. Nous remontons et, sortant la tête de l'eau, nous nous trouvons au milieu d'un grain tropical. La violence de la pluie est telle que l'on ne voit pas à un mètre. La seule solution est de regagner à la boussole le tombant des coraux. Ayant pris l'habitude de me diriger sous l'eau avec cet instrument, je peux revenir à mon point de départ et attendre la fin de l'orage. Sinon nous étions perdus dans cette pluie diluvienne et courions le risque d'arriver à l'épuisement de nos bouteilles et de dériver avec le courant vers l'inconnu. A la fin de la bourrasque, nous serons récupérés par le zodiac,

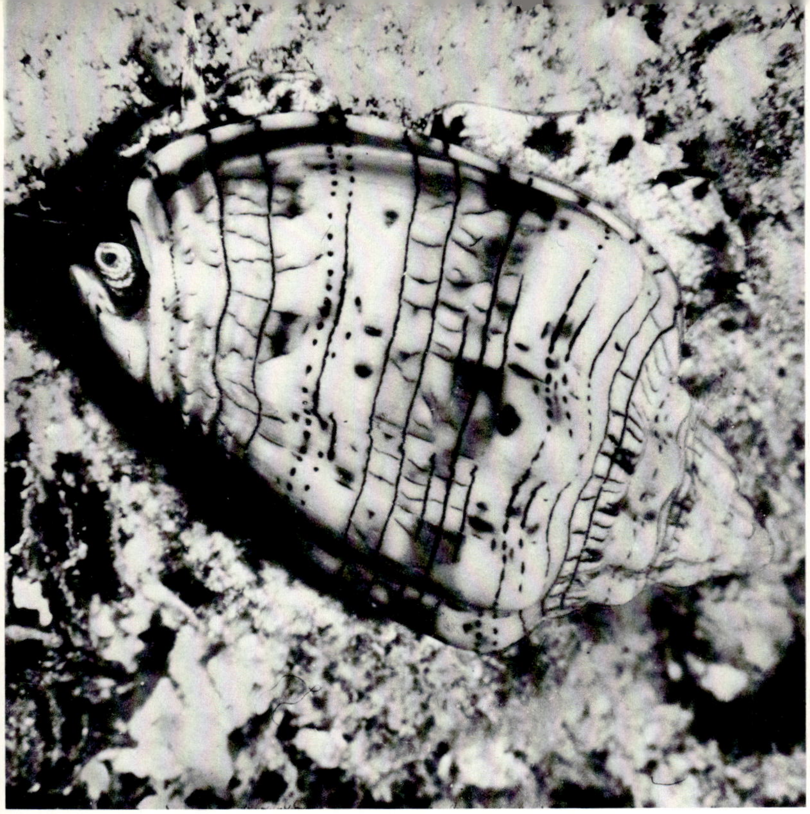

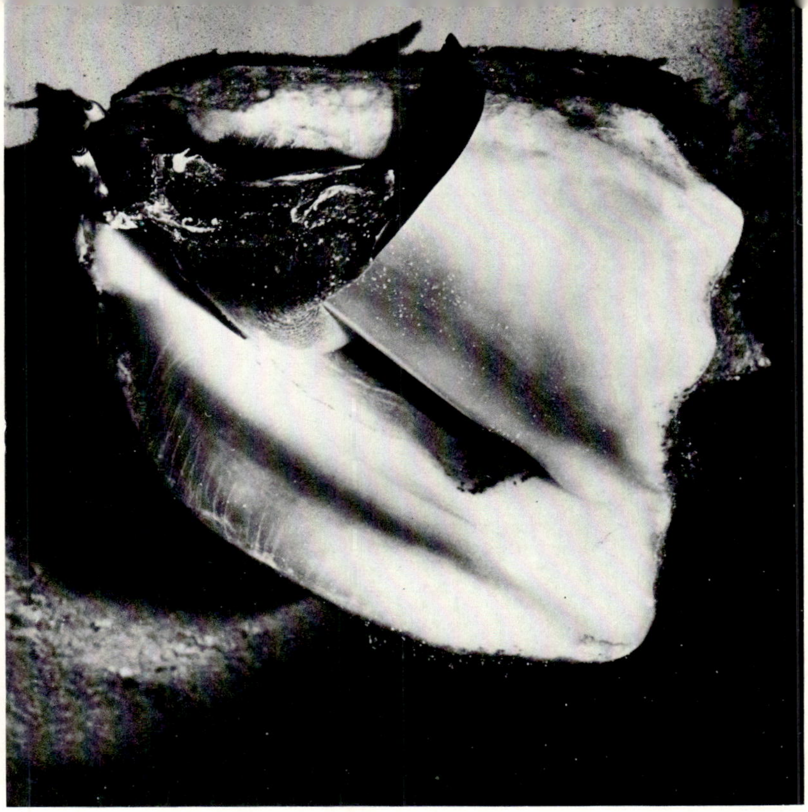

a Volute musicale à décor orangé.

b Strombe « costatus » au labre épais couleur de bronze.

a | b
c

Montagne de strombes dont la pêche est maintenant interdite aux îles Aves.

Strombe « gigas » jeune.

Posé entre des spongiaires, un coquillage Lima scabra *dont les cils déployés filtrent l'eau, près de coraux* (Montastrea annularis).

Dans les mangroves bordant le lagon, des milliers d'oiseaux de mer vivent dans les arbres de cette réserve naturelle.

parfaitement douchés par l'eau de pluie. A l'aube, nous partons pour l'autre Aves, la Sottavento située à vingt milles à l'est.

Sur ces fonds de sable calmes, je trouve un habitat de la famille des strombes : des gigas survivants de la pêche intensive, des *costatus* à la lèvre de bronze doré et également de gros casques traçant leurs sillons réguliers dans les collines de sable. En rentrant à bord, nous devons lever l'ancre en catastrophe devant l'arrivée imprévue d'un nuage de moustiques. Bien que mouillés par précaution assez loin de la mangrove, nous n'avons pas prévu un vent assez fort qui, soufflant dans notre direction, nous a véhiculé un nuage de nonos.

Nous gagnons l'île des pêcheurs où je découvre des montagnes formées par des milliers de lambis, coquillages de la famille des strombes dont la chair est très prisée dans les Caraïbes. Heureusement, cette pêche a été provisoirement suspendue ainsi que la capture des langoustes. Le jour suivant sera faste : Roger découvre enfin l'habitat des « Picas », coquillages noirs et blancs dont la chair, coupée en fines lamelles, se mange en salade. Yves qui est un grand chasseur, fait la rencontre dans une eau trouble d'un énorme tarpon. Il le tire derrière les ouïes et après une lutte longue et intense, coupée de sauts hors de l'eau, arrive à le ramener et à s'en saisir.

Je le vois s'avancer dans le lointain, masqué par un morceau d'argent aussi grand que lui, qu'il tient avec peine, les doigts crochés dans les yeux. Je vais à son secours et nous ne serons pas trop de deux pour l'achever non sans mal. C'est un magnifique tarpon de près de deux mètres avec des écailles énormes sur lesquelles ricochent les flèches.

Ma passion des coquillages va être comblée. J'arrive à localiser l'habitat des volutes musicales et je trouve plusieurs spécimens dont certains sont décorés de portées orange. Quelques « cimes » au corps rouge éclatant posées au milieu de spongiaires m'offrent des documents d'une grande beauté. Et pour compléter mon espèce favorite, je trouve enfin quelques cônes.

Fuyant devant les alizés qui se lèvent, nous quittons l'abri de l'îlot aux trois palmiers pour rejoindre l'autre Aves où nous mouillons devant le poste de douane. Car, sur cette île déserte, à côté des ruines d'une ancienne usine à chaux hollandaise, on découvre une maison préfabriquée en plastique blanc avec un écriteau : Office des Douanes Vénézuéliennes. Nous ayant notifié catégoriquement l'interdit de la pêche à la langouste, ces garçons, charmants d'ailleurs, nous en apporteront le soir même quelques spécimens qu'ils viennent de prendre. Après le dîner, je pars me promener en libre avec ma torche. Passant le long du tombant intérieur, je tombe sur une langouste qui remonte des fonds du lagon. C'est vraiment un monstre dont je réalise la taille anormale en m'approchant et en essayant de la prendre. Mes deux mains ouvertes n'arrivent pas à couvrir la moitié du diamètre de son corps. Je l'imagine très bien donnant un coup de queue capable de couper un doigt. J'estime que son poids devait atteindre et même dépasser dix kilos.

Je fais une dernière tentative pour filmer les oiseaux de mer qui plongent à une cadence infernale sur les bancs de petits poissons réfugiés dans le lagon. Je trouve une planque, le long de la plage, dans une cabane de pêcheurs en ruines. Autour de moi, j'aperçois des cadavres de sternes desséchés par le soleil. Un peu plus loin, sur un petit plateau de plantes grasses, une mère est couchée à côté de son petit qui n'est encore qu'une boule de duvet blanc. Inquiète, elle surveille mes gestes en me menaçant par moment d'un os qu'elle prend dans son bec. Au bout d'un certain temps, je dois battre en retraite devant une invasion de lézards noirs suivis de l'arrivée des moustiques. Je regagne en courant le zodiac, laissant la nature maîtresse du terrain.

Après avoir salué nos amis vénézuéliens, nous levons l'ancre et mettons le cap sur Caracas, poussés par les alizés qui viennent de s'établir pour plusieurs mois.

9
l'île maurice

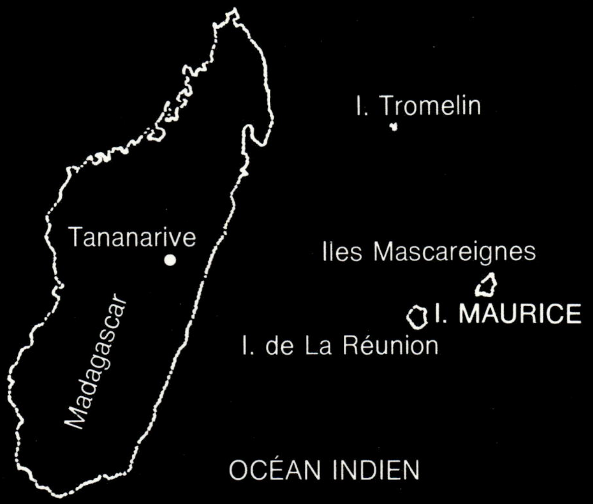

Dans le célèbre jardin des Pamplemousses l'allée des talipots, palmiers qui fleurissent tous les cent ans.

« Une île paresseuse où la nature donne
des arbres singuliers et des fruits savoureux
des hommes dont le corps est mince et vigoureux
et des femmes dont l'œil par sa franchise étonne ».

Telle est l'invitation au voyage de Baudelaire. C'est une île pleine de charme, au passé lourd d'aventures, où l'on parle aussi bien le français que l'anglais, ainsi qu'un certain patois dérivé du français.

Dès l'arrivée, je suis frappé par la beauté et la diversité de la nature. Des montagnes couvertes de forêts luxuriantes abritent des cascades. Les plaines qui reçoivent les champs de canne à sucre rappellent les corons du nord de la France, par leurs pyramides de pierres noires, alignées en grandes séries. Les routes étroites sont bordées de flamboyants et de cassias aux fleurs jaunes. Les tulipiers africains, les jacarandas du Brésil et les pauhinias apportent l'éclat de leurs grappes rouges ou dorées. Le célèbre Jardin des Pamplemousses permet de découvrir toutes les espèces de palmiers, aux formes étranges, dont le talipot, dont la légende veut qu'il fleurisse tous les cent ans pour mourir après.

La piscine de l'hôtel Saint-Geran.

Plage de sable fin au bord du lagon.

Murène-ruban : Rhinomuraena quaesita.

Poisson-feuille (Taenianptus triachantus) *au mimétisme parfait.*

Groupe de poissons-chats (Silure Plotus anguilaris) *tournant sous l'œil intéressé d'une murène.*

Sur les canaux, les nénuphars géants, les célèbres « *Victoria Regis* », laissent apparaître leurs fleurs aux nuances délicates. Dans cet immense parc qui inspira la légende de Paul et Virginie, se dresse la résidence de Mahé de la Bourdonnais, qui avait surnommé cette isle de France, l'Etoile et la Clé de la Mer des Indes.

Cachée dans la verdure, une ancienne fabrique de sucre et son moulin entièrement en bois, évoquent l'époque de 1767 où Pierre Poivre, intendant du roi, créa ce jardin extraordinaire et planta des arbres à épices : canneliers, girofliers et muscadiers.
Dans un enclos voisin, quelques tortues géantes sont les survivants d'une époque où la faune très riche présentait des espèces disparues comme le dodo. C'était un oiseau lourd et dodu, avec de courtes ailes qui rappelait le dindon. Il partageait avec vingt-cinq espèces de perroquets une vie sauvage dans les forêts primitives où poussait l'ébène. Parmi les rescapés des neuf espèces d'origine, on découvre des animaux au nom plein de saveur : le faucon-mangeur-de-poules, la grosse-cateau, une des dernières variétés de perroquets le merle-cuisinier et le cardinal-de-Maurice. Tout un folklore qui se meurt, remplacé par le cerf de Java, le lièvre de l'Inde et le macaque de Malaisie.

Venu pour découvrir les eaux riches en coquillages, je suis descendu à l'hôtel Merville, seul endroit équipé pour la plongée. J'y ai rencontré deux moniteurs, Tim et son frère Raymond d'origine asiatique, avec qui je me suis rapidement lié d'amitié. Ce sont deux garçons charmants qui aiment leur métier et la nature. Ils connaissent parfaitement les fonds et savent vous emmener aux endroits intéressants, pour vous montrer les divers aspects de la flore ou de la faune. Situé au nord de Grand Bay, le centre de plongée, parfaitement équipé, borde l'extrémité de la plage où se trouve le bungalow que je viens d'occuper. Dans le calme et la beauté de cette nature, la vie s'écoule comme dans un rêve, pimentée par une cuisine créole et surtout arrosée par un punch délicieux.

Une grande variété de fruits tropicaux apportent une douceur apaisante. Je pars plonger avec Tim qui me fait découvrir le « jardin des poissons-pierres ». C'est un massif corallien assez plat, perdu au milieu d'un banc de sable où ces animaux abondent. Leurs corps, dont le mimétisme leur permet de se confondre avec les coraux, gisent immobiles au milieu d'une végétation bleue du plus curieux effet. Leurs yeux polymorphes guettent la proie qui aura la malchance de passer à proximité. La victime sera happée sans même réaliser ce qui lui arrive. Cette synancée représente un danger énorme, parfois même mortel. Aussi, il convient de surveiller ses mouvements à l'approche des coraux.

Tim et Raymond, en plus de leur métier de moniteurs de plongée, capturent des poissons de coraux pour les exporter. Ce fut pour moi un enchantement de les voir évoluer sous l'eau, tirant un grand filet tendu entre deux perches. Tels les laboureurs de la mer, ils avancent jusqu'à un bloc de coraux offrant une densité de poissons valable. Ils plantent leurs perches pour maintenir le filet debout et rabattent les poissons vers le piège. Ils n'ont plus alors qu'à trier les animaux intéressants et les mettre dans une nasse qu'ils traînent avec eux. Mais leur travail n'est pas terminé pour autant. Car cette nasse où les poissons sont prisonniers doit être remontée à la surface en plusieurs fois selon la profondeur à laquelle ils ont été pêchés. Cela pour éviter des accidents de décompression que ces animaux ressentent comme l'homme. Pour empêcher que les nasses ne leur soient volées, comme cela arrivait auparavant, ils ne peuvent laisser des flotteurs en surface. A chaque voyage, ils sont donc obligés de retrouver le lieu en prenant des repères sur la côte. Une fois remontés à la surface, les poissons vont subir une période d'acclimatation dans des bassins. Ils seront alors expédiés par avion dans des doubles sacs de plastique remplis d'eau de mer additionnée d'oxygène. Le pourcentage de perte durant les voyages est très faible.

A l'extérieur du récif, la faune devient plus dense. Sur le sable une raie-torpille tachetée est posée, immobile. Tim s'approche et l'oblige à prendre son envol. Je peux ainsi la photographier passant devant Raymond dont je vois les yeux amusés derrière le

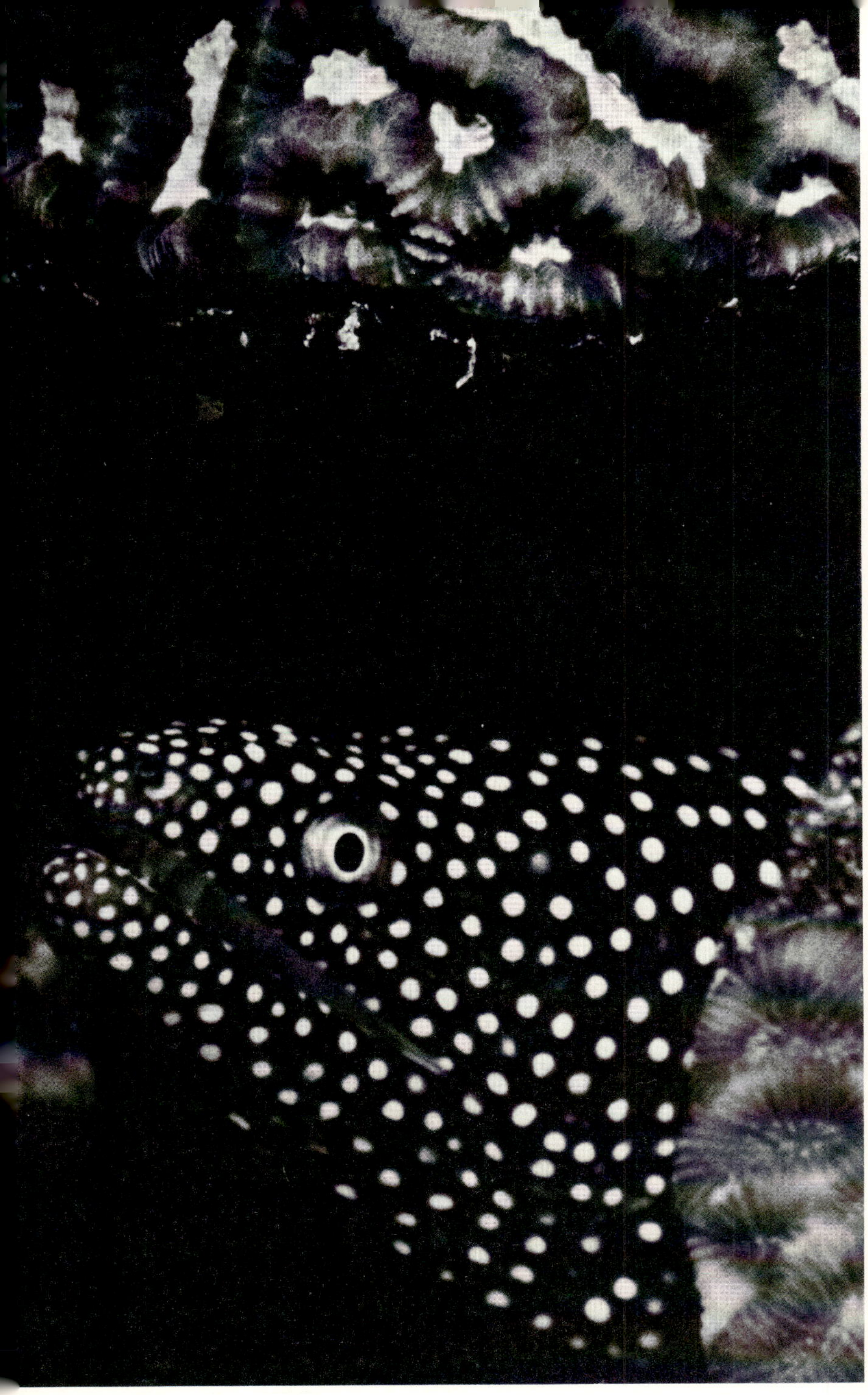

		b
a		c
		d

a Murène tachetée, dissimulée derrière des coraux (Platygyra)
b Raie-torpille.
c Pterois noir (Volitans).
d Poisson « savonnier » (Grammites sexlineatus).

masque. Quelques mètres plus loin, un banc de poissons tourne sur lui-même, comme dans un ballet bien réglé où personne ne semble devoir sortir d'un périmètre fixé. Ce sont des poissons-chats, au corps noir rayé de blanc, avec leurs barbillons caractéristiques. Ce manège se déroule sans aucune crainte devant une grotte d'où sort pourtant la tête d'une énorme murène à l'œil rouge et furibond. Ce doit être l'heure de la trêve, à moins que cette murène n'aime pas la chair du poisson-chat.

Le lendemain, accompagnant mes amis pendant leur chasse, j'aperçois un magnifique baliste Niger qui se réfugie dans un trou. Je vais chercher Raymond et je lui montre l'endroit, en lui expliquant par gestes ce que je désire. Il lui faudra plusieurs minutes pour pouvoir l'extraire de son abri et me donner l'occasion de le filmer entre ses mains, grognant avec son éperon dorsal dressé. Cet animal est une véritable création d'art par son corps noir taché de ronds blancs, rehaussé de jaune vif sur la gueule et autour de l'œil. Son profil est assez curieux ; le museau couronné de grosses lèvres est prolongé par des dents saillantes, la ligne du ventre est cassée par un décrochement rentrant, les nageoires asymétriques sont déportées anormalement vers l'arrière, ce qui lui donne d'ailleurs une nage chaloupée qui semble maladroite. Cet ensemble est cou-

Mon ami Raymond tenant un magnifique poisson-baliste (Niger).

Sarcophiton.

Poissons tropicaux prêts à être expédiés par avion.

ronné au sommet du dos par une grosse épine courbe, articulée, qui se replie en arrière et s'encastre dans une rainure. En cas de danger, elle se bloque, une fois dressée, et lui permet de s'ancrer dans un trou corallien. Cette particularité lui a valu le surnom de poisson-gâchette, arbalétrier ou baliste. Son comportement très spécial lui a valu également le nom de poisson-clown. Parfois, il nage lentement, dans des

Tels des laboureurs de la mer, Tim et Raymond pêchant les poissons tropicaux.

Attelage de zébus devant l'arbre de feu ou flamboyant.

Fleur de nénuphar.

positions les plus bizarres, l'œil curieux et tourniquotant, faisant du sur-place devant l'entrée d'un trou pour disparaître en un clin d'œil. Puis soudain, pris d'une frénésie furieuse, il devient rapide, virevoltant dans tous les sens, se précipitant sur les poissons voisins, attaquant les oursins, dont il casse les longues épines pour arriver au corps qu'il dévore. Cette agitation est ponctuée de grognements qui accentuent l'effet comique dû aux mouvements incessants de ses yeux ronds. De plus, certaines espèces sont dotées d'une robe aux dessins et aux couleurs extravagantes, ce qui leur a valu le surnom de « poisson-Picasso ». J'ai déjà assisté à des spectacles de poissons-clowns, qui sont d'ailleurs imprévisibles et inattendus, dignes de bons numéros de cirque. Leur chair qui peut être très toxique les met à l'abri d'une pêche qui nous priverait d'un amuseur inégalable. Les plongées de nuit se déroulent dans une ambiance particulière. Pour trouver la passe qui permet de sortir du récif et l'endroit exact, il faut partir avant la tombée du jour. Ce qui oblige à attendre sur place la venue de la nuit ; le temps est employé à boire et à manger et il règne sur le bateau une exubérance des plus agréables. Dans la douceur de l'eau, nous découvrons les *Hexabranchus,* grosses limaces rouge vif, bordé de blanc, qui exécutent leur danse de feu sous la lumière des projecteurs. Dans des failles, des murènes à la robe rayée marron et blanc semblent dormir dans leurs pyjamas. Je cherche en vain le célèbre *Lambis violacea* dont l'habitat connu est l'île voisine de Brandon. Le retour de nuit se passe sans problème, grâce à un alignement obtenu par deux phares disposés judicieusement.

Les nénuphars géants (Victoriae regia) *du jardin des Pamplemousses.*

Je ne verrai pas l'espadon noir ni le marlin bleu, qui font le bonheur des pêcheurs du Morne, ni les gros requins qui fréquentent l'île de Gunners quoin, un quartier de lune défavorable ayant créé une mer agitée. Ce n'est que partie remise, car touché par la grâce de ce nouveau paradis, j'ai l'intention de revenir.

Et ce n'est pas le cyclone « Constance », qui faillit frôler l'île le jour de mon départ, qui me fera changer d'avis.

Crabe tacheté : Carpillus maculatus.

Poisson-chat ou silure, très dangereux avec ses trois épines venimeuses.

Tortues terrestres qui vivent protégées dans un enclos du jardin des Pamplemousses.

10
l'australie

Au sud de la grande barrière de corail qui borde sur deux mille kilomètres la côte est de l'Australie : l'île du Héron.

Dans l'archipel des Wessel, la côte découpée de l'île de Marchimbar.

P. 152
La gueule d'un carnassier de la mer : le lutjan.

P. 154
Chalutiers australiens effectuant la pêche à la crevette dans la mer d'Arafoura.

« LA GRANDE BARRIÈRE DE CORAIL »

Quel amoureux de la mer n'a pas rêvé un jour de partir pour découvrir ce récif de corail qui, à l'autre bout de notre monde, borde sur mille six cents kilomètres la côte est de l'Australie. Pour rejoindre ce continent, j'emprunte la route des Indes, ce qui représente seize mille sept cent sept kilomètres pour Nouméa, mille deux cent vingt pour Brisbane et six cents pour Gladstone. Sur l'aéroport de Gladstone, un hélicoptère m'emmène en un voyage d'une demi-heure jusqu'à Heron Island, une des dernières îles au sud de la Grande Barrière.

Couverte d'une végétation luxuriante, cette île émerge d'un grand récif découvert à marée basse. Un chenal étroit permet aux bateaux de venir mouiller devant une plage de sable blanc où se trouve la piste d'atterrissage. A l'entrée du chenal, un cargo échoué sert de refuge aux innombrables hérons qui se posent sur la rembarde, alignés comme à la parade. Cette île, protégée par un statut de réserve naturelle, offre la joie de voir les oiseaux s'approcher de vous sans crainte et le poisson familier comme peut l'être un chien de bonne maison.

Il se déroule de temps en temps des combats homériques entre les hérons et les mouettes qui se jettent en rangs serrés sur le même banc de poissons.

L'aménagement hôtelier comprend des bungalows disposés entre les arbres, un restaurant dont la nourriture est excellente, ainsi que plusieurs bars avec salle de projection. Des bateaux sont disponibles avec équipement soit pour la plongée, soit pour le « big game fishing ».

La découverte du récif à marée basse révèle une vie intense et une faune endémique. De nombreux coquillages habitent les eaux du lagon : porcelaines Argus, *erosa, vitellus,* cônes, *Strombes luhaunus,* turbos aux lignes vertes, murex, *Cymatium,* ainsi qu'un magnifique haliotis dont le corps énorme, avec une frange dentelée, offre un décor étonnant de camaïeu vert.

Un centre de recherche marine se trouve derrière le centre de plongée parfaitement équipé. Le plongeur, déjà fasciné par la richesse et la variété de ces eaux, reste émerveillé lorsqu'il découvre le « bommie ». A proximité de l'embarcadère, d'énormes blocs de coraux s'élèvent du fond de la mer, offrant à la faune un habitat naturel. Les animaux nourris par la main de l'homme se sont habitués à sa présence. Le résultat est merveilleux. A l'arrivée du bateau, les poissons accourent. Votre entrée dans l'eau suscite une escorte d'animaux qui vous suivent sans aucune crainte. Les platax à la robe claire arrivent les premiers, suivis par les lutjans et les gaterins en rangs serrés. Des raies-léopards, parfois une manta, s'éloignent lentement en battant des ailes. Les mérous sortent de leurs trous et viennent aux nouvelles, de la nourriture évidemment. Au pied du plus grand bloc s'ouvrent alors les jeux du cirque. Deux murènes quittent leur abri et viennent manger à la main. Je les ai vu se faire caresser, et même se laisser sortir entièrement de leur trou par Jean Deas, qui joue avec elles comme elle le ferait avec un animal domestique. Je me souviens d'une scène qui m'a laissé un souvenir particulier : j'avais plongé seul avec Jean qui tenait à la main un sac plastique plein de nourriture. Nous venions d'arriver au fond, entourés comme d'habitude par une nuée de poissons. Apercevant Jean, une des murènes sort de son abri et se précipite sur elle. Je vois cette bête lui tourner autour, la renifler de son museau, avec une familiarité telle que Jean doit l'éloigner. Je vous laisse imaginer ce qu'a pu être la séance de nourriture. Je croyais voir le maître d'école grondant et tapant sur les doigts des élèves trop gourmands ou trop pressés. Attiré par l'odeur du repas, un des plus beaux spécimens de la faune australienne, le *Barramudi cod* quitte sa grotte voisine et se joint à nous. C'est un magnifique mérou blanc à la tête aplatie, qui possède une robe ocellée de points noirs et de taches bistre. J'ai assisté, émerveillé, au spectacle de cet animal disputant un morceau de bacon à une murène au milieu d'un banc de poissons-chirurgiens guettant les miettes du festin. Non loin de la scène, dans un trou qui semble être sa résidence

principale, on peut apercevoir le célèbre *Wobbegong shark,* un requin-dormeur au corps marbré, qui possède une tête plate avec des barbes dentelées autour de la gueule.

J'ai passé le temps d'une plongée en compagnie d'un magnifique labre bleu dont l'énorme tête ronde laisse apparaître des incisives qui lui donnent l'air d'un petit vieux édenté et souriant. Il se laisse photographier sans crainte avec l'aisance d'un mannequin professionnel. Le « bommie » apporte la consécration des réserves naturelles où l'on peut approcher et voir vivre les animaux dans leur milieu naturel. Jean et Walter Deas, qui dirigent le centre de plongée, avec une gentillesse extrême, font toujours l'impossible pour vous permettre de découvrir les merveilles de la Grande Barrière dont Heron Island est un joyau qu'il faut connaître. Vingt-sept heures d'avion ne représentent qu'un maigre tribut en contrepartie du spectacle permanent offert à chaque plongée.

Après cette première expérience, je suis tenté par l'autre extrémité de la Barrière, le détroit de Torrès. De Sydney, un voyage de deux jours est nécessaire pour gagner Thursday Island, après escale à Brisbane, Cairns, Weipa et un transbordement en bateau depuis l'île Horn. Je rejoins enfin mes amis du *Shaitan* qui m'attendent à l'embarcadère. A peine arrivé à bord, un problème se pose. Le détroit de Torrès, comme on me l'avait annoncé, recèle une eau trouble et des courants qui atteignent vingt nœuds. En plus, un vent d'est s'est levé, atteignant trente nœuds. Il n'est pas possible de rester dans les parages ou de rejoindre le nord de la Grande Barrière.

Nous décidons de partir vers Darwin en explorant l'archipel des îles Wessel. A la tombée de la nuit, nous pénétrons dans la mer d'Arafura pour une traversée de trois cents milles. Le bateau marche magnifiquement sous le vent, atteignant la vitesse de dix nœuds. Nous passons devant le bateau phare de Carpentaria dont les trois éclats indiquent aux navires l'entrée du détroit de Torrès. Le son de la cloche dans la nuit noire crée une impression de malaise. Il nous faudra cinquante heures pour atteindre notre premier mouillage : l'île de Marchimbar. Les îles sont désertes et offrent peu de relief pour arrêter le vent. La mer est remuée et l'eau devient trouble. Le lendemain, nous gagnons Break Water Pointe pour assister à l'acte I d'un drame de la mer. Dans la baie est mouillé un vieux bateau en bois. Non loin, un homme pêche la langouste au narguilé, avec un compresseur dans un petit doris en métal. Nous l'invitons à venir boire une bière à bord. C'est ainsi que nous connaîtrons Frank Fitzgerald et son fils Craig dont le destin est limité à une poignée d'heures.

Ils nous indiquent un endroit pour plonger, dans la passe de Cumberland où ils comptent d'ailleurs se rendre l'après-midi. Nous y partons et, en voyant l'état de la mer et les rouleaux qui déferlent dans la passe, nous préférons continuer. Nous trouvons un abri idéal dans la baie de Raragala, avec un décor de rochers déchiquetés le long d'une végétation tropicale. Nous allons à terre et avons la chance de découvrir une source qui descend jusqu'à la mer. Ce sera l'occasion de pouvoir se rincer à l'eau douce sans restriction. Les rochers doivent receler des minéraux de fer car certaines criques offrent un décor de couleurs éclatantes allant du rose au rouge et au vert. De grands arbres, dont des eucalyptus, bordent les plages avec, par endroits, des touffes de yuccas aux fleurs blanches. Dans le fond de la baie, les débris de milliers de coquillages forment des digues naturelles. Elles servent de refuge à de magnifiques oiseaux de mer, dont certains sont blancs avec un bec rouge et des pattes jaunes. Nous avons également aperçu de petits kangourous au pelage gris clair. Le lendemain, je débarque à l'aube pour essayer de photographier ces petits kangourous sauvages qui vivent dans les rochers, le long des plages. A l'affût, dissimulé dans les branchages, je suis survolé par un petit avion. Je rejoins le bateau et j'apprends que le skipper vient d'entendre un message de détresse concernant deux doris qui ont chaviré dans le détroit de Cumberland. Nous levons l'ancre aussitôt et remontons toutes voiles dehors vers la passe. Nous avons peu d'espoir d'arriver à temps pour trouver des survivants, étant donné le vent qui souffle à trente nœuds et le courant contraire, assez fort pour créer des rouleaux. Nous arrivons en fin de matinée, après avoir déchiré la grande voile ; nous apercevons à la jumelle, sur le

bateau ancré, une femme et un jeune garçon. Stephen (dix-sept ans) le frère jumeau de Craig, vient à bord et nous raconte le drame :
Comme ils nous l'avaient annoncé, ils étaient partis à quatre sur deux doris, le père (quarante-deux ans) les deux jumeaux et le troisième fils Jason (onze ans). Pris par le courant, ils sont entraînés dans les remous et chavirent. Ils ont deux ceintures de sauvetage pour quatre. Stephen décide de tenter sa chance et gagner le rivage à la nage. Pendant trois heures et demie, il lutte contre le courant et arrive à toucher terre, épuisé. Il doit encore marcher une heure et demie pour rejoindre le bateau où sa mère attend, impuissante. Car elle ne peut mettre en route ni le bateau ni le groupe qui permet de faire marcher la radio. Leurs appels ne seront entendus que le lendemain. Gove, le port de pêche dont ils sont originaires, est à six heures de mer. Les autorités de cette ville décident de prendre en main les opérations de sauvetage. Par radio, ils nous demandent d'attendre l'arrivée d'un cargo qu'ils envoient avec un catamaran à bord.

En début d'après-midi, un chalutier australien arrive et essaie de franchir la passe pour explorer l'autre côte des îles, dans le cas où les survivants, emmenés par le courant, auraient pu être rejetés sur la côte. Le bateau ne pourra franchir les rouleaux et reviendra après avoir longé lentement les côtes de l'île voisine.

Des hommes descendent à terre pour explorer l'autre côté de la passe et reviennent sans avoir rien trouvé. Nous savons qu'il n'y a plus grand espoir car il s'est maintenant écoulé deux jours depuis le drame. Un avion est revenu et a survolé longtemps, à basse altitude, l'autre côte de l'île. Sans résultat malheureusement. Les recherches continueront et seront vaines. Nous reprendrons notre route marqués par ce drame. Le vent restera aussi violent, la mer aussi

Coquillage : Torna allium.

trouble. Je verrai de beaux coraux, de magnifiques poissons que je ne pourrai photographier. Heureusement, je trouverai des limaces, des crabes, des coquillages que je pourrai emmener dans une eau calme et ainsi en ramener l'image.
Après une rencontre avec des chalutiers pêchant la crevette, nous atteindrons Darwin, notre but. Nous traverserons ce continent de part en part, survolant les déserts avec des escales pittoresques à Catherine, Tennant Creek et Alice Springs, épicentre de l'Australie.

Adélaïde - Sydney sera la dernière étape avant le retour en France.

Opéra de Sydney.

P. 1
Crabe (Leucosia Armatum) *de la famille des leucosid*
Crabe poilu (Parthenopida

Un coquillage de la famille des Epitomidae
dévorant le polype d'un corail (Tubastrea aurea).

P. 161
Extraordinaire poisson aux dents proéminentes e
à la robe bleu intense : Iniistius pavo

P. 162-163
Nudibranches ou limaces de mer

Un des poissons endémiques de l'Australie, le barramundi cod (Cromileptes altivelis) *mérou blanc ocellé de taches noires et beiges, en compagnie d'un coral cod, mérou rouge à pois :* Cephalopolis miniatus.

Dans la réserve naturelle du Bommie, Jim nourrit à la main une murène sous l'œil intéressé des autres poissons.

11
le yemen les îles zubayir

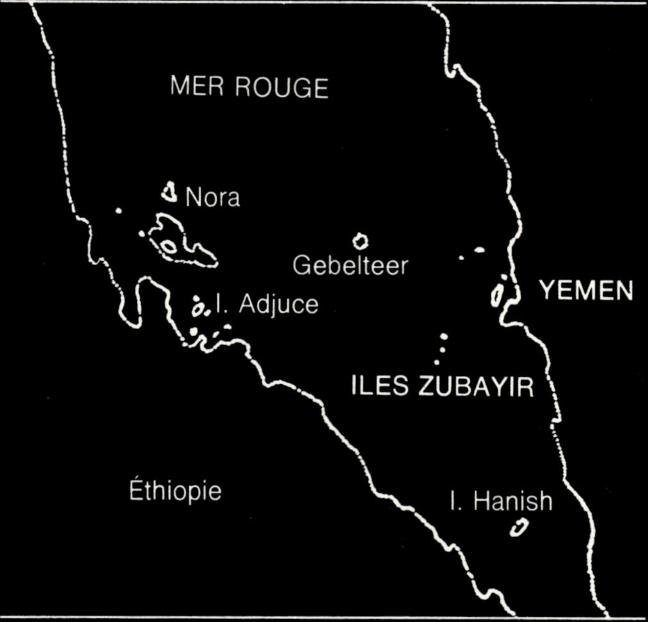

Dans la plaine de Sanaa, un des joyaux du Yémen : le « Whad Dar », un ancien palais de l'Iman.

Sous l'olivier centenaire, la Cour de justice en plein air.

Plusieurs fois Mustapha Cassim, du Djibouti-Palace, m'avait engagé à aller au Yémen où ses frères tenaient un hôtel. J'avais repéré sur la carte les îles Zubayir où personne ne semblait être jamais allé. Je consulte mon vieil ami Yves qui est aussitôt partant. Pour la dixième fois, nous revoilà à Djibouti où nous prenons un vieux Dakota qui nous emmène, mélangés aux bagages et au fret, vers le fabuleux Yémen.

Après avoir franchi de hautes barrières de montagnes, nous atteignons Taez, ville moyenâgeuse sur les hauts plateaux. Grâce aux frères Cassim, nous arrivons à passer la douane où tous sont étonnés de nous voir arriver avec un compresseur, des bouteilles de plongée et du matériel photographique très important. Nous embarquons le tout dans un taxi russe.

Quittant Taez par la route américaine, nous nous enfonçons dans les hauts plateaux qui montent entre deux et trois mille mètres d'altitude. Nous découvrons des vallées cultivées en terrasse, des oasis fertiles, perdues au milieu d'une mer de rochers. Nous apercevons Djibla et ses minarets blancs qui se détachent sur les maisons aux pierres brunes. Nous passons quelques rivières à gué et, après le col de Yaleh aux ravins escarpés, nous descendons sur la grande plaine de Sanaa. Cette arrivée fait partie de la magie de l'Orient. Dans les brumes du petit matin, le soleil fait sortir du néant une ville-forteresse entourée de remparts d'où s'élèvent des dizaines de minarets et des maisons en forme de gratte-ciel, ocre et blanches. L'entrée de la ville par la grande porte qui mène aux souks est une descente dans le passé. Dans ces souks multicolores où chaque métier a sa rue, on croise les chameaux et les ânes pendant que les motos, qui sont en fait des taxis, se faufilent en klaxonnant. Et on se met à rêver devant les échoppes des orfèvres en voyant les colliers en argent et en corail à côté des thalers de Marie-Thérèse, pièces d'argent datant de l'Empire Ottoman. Et lorsque l'on traverse le souk aux épices, si coloré, on devient comme enivré du parfum de l'Orient. Ces souks sont un peu la drogue du touriste, comme le kat, cette feuille verte qui pousse sur les arbustes du Yémen, est la drogue nationale de toute la Corne de l'Afrique.

Sanaa est une ville qui possède de nombreuses mosquées aux coupoles pointues et aux minarets effilés, ainsi que des maisons d'une étonnante architecture. Faites de pierres, de briques et de pisé, elles s'élèvent, entre des jardins luxuriants, sur huit à dix étages avec une décoration murale, faite en stuc plâtre, d'une richesse et d'une variété extraordinaires. Les fenêtres entourées d'entrelacs sont en albâtre ou en verre teinté. Dans ce décor millénaire, nous rencontrerons, recommandés par notre ami commun l'Amiral Labrousse, Monsieur Jean Legrain, Ambassadeur de France au Yémen, qui sera notre guide et notre sauveur. Portrait de Romain Gary, il nous racontera ses aventures d'Orient avec la vérité d'un baroudeur qu'il a été. Ce qui contrastera quelque peu avec les récits sur Djibouti écrits par son frère d'image.

Pendant nos démarches dans les hautes sphères — nous verrons le Premier Ministre et même le Président de la République — nous serons accueillis à l'Ambassade et pourrons visiter dans des conditions parfaites des endroits exceptionnels : le Whadi-dar, image même de l'Orient dans le désert, une vallée au pied de la montagne dans laquelle coule un ruisseau qui amène la fertilité d'un jardin tropical. Au milieu des arbres, un immense rocher de vingt mètres de haut, sur lequel est bâti un palais de l'ancien Iman. A l'entrée, un olivier gigantesque dont les racines abritent la Cour de Justice en plein air. Près de Sanaa, Rawdha, où un autre palais de l'Iman est transformé en hôtel dans le style d'autrefois, avec un décor d'arabesques en plâtre et des portes sculptées en bois naturel. Nous montons par la route jusqu'à Amran, ville du Nord, où les maisons ont une architecture typique en pierres de différentes couleurs. Nous visiterons également la campagne où nous pourrons voir des plantations de kat, et rencontrerons un peuple fier et d'une gentillesse extrême, prodiguant l'hospitalité orientale si légendaire.

Tous les hommes portent la Djambiya, poignard à la lame recourbée dans un fourreau très orné, souvent en argent. La plupart, le corps ceint de cartouchières, sont armés d'un fusil.

Après avoir rencontré le Ministre de l'Intérieur, nous obtenons un laissez-passer pour les îles. Le lendemain à l'aube, nous reprenons notre taxi russe et, cette fois par la route chinoise, nous partons vers Hodeida. En quittant la plaine, sur les premiers contreforts, nous passons devant une pagode qui contient les restes du Fils du Ciel qui dirigea les travaux et mourut sur sa route. Nous traversons des cols, des défilés étroits, des rivières en crue et débouchons enfin dans la grande plaine littorale. Après une halte à Beit el-Fakih où a lieu, une fois par semaine, un important marché très pittoresque, nous atteignons le port d'Hodeida. Nous y rencontrons les frères Tabet, de riches commerçants, représentant entre autres la marque de voitures Peugeot, qui nous recevront à l'orientale. Grâce à eux, nous pourrons rencontrer, après un chassé-croisé, le Gouverneur de la région.

C'est un personnage puissant et d'une allure folle qui nous offrira le thé au milieu de sa garde et après moult discussions nous délivrera un laissez-passer pour les îles. Malgré ce sésame, nous aurons beaucoup de mal pour rentrer au port, contrôlé par les soldats, et même à en sortir, car nous serons arrêtés par un poste

Mosquée près de Taez.

de garde situé sur l'île qui ferme la baie. Et après huit jours de démarches et d'attente, je me retrouve avec Yves sur un dhaw, sorte de boutre étroit et peu quillé, dont l'étrave très effilée pourfend les lames dans la pénombre d'une nuit étoilée. Notre Nacouda, assis en tailleur, le compas entre les jambes, tient la barre en mâchant du kat. A l'aube se découpent sur l'horizon quatre îles, morceaux de volcans éclatés : les Zubayir. La plus grande, le Djebel Zubayir, est un volcan dont la lave a coulé jusqu'à la mer, offrant des roches éclatées où il est très difficile de marcher. Les anciens habitants du phare ont été obligés de faire un chemin en pierres plates qui relie le rivage à l'intérieur de l'île, où nous remarquons une curieuse maison. Faite en pierres naturelles, elle est entièrement fermée, avec seulement deux ou trois créneaux par lesquels nous pourrons apercevoir des ancres posées l'une contre l'autre.

L'île du pic central est une masse ronde dont la base, rongée par la mer, la rend inaccessible.
L'île de Sala est sablonneuse et offre une petite baie avec des huttes servant d'abri aux pêcheurs. L'ensemble est posé sur un plateau de corail peu profond et sablonneux. La bordure extérieure, face au large, est un tombant abrupt qui se révèle un paradis inviolé.

A notre première plongée, nous sommes subitement entourés par des thons argentés dont certains sont aussi grands que nous. Ils viennent nous voir et nous approchent à portée de la main. Ils sont curieux et même intrigués par cette première rencontre avec l'homme. Mais dès le lendemain, dans un étonnant réflexe qui fait partie des mystères de la nature, ils prendront la distance immuable qui sépare dans l'eau l'homme du poisson.

a Mosquée à Sanaa.
b Maison de pierres décorées à Khamer.
c Les souks de Sanaa.

Les massifs coralliens sont semblables à ceux que nous avons déjà rencontrés en mer Rouge, ainsi que la faune multicolore qui les habite. Par contre, les requins seront toujours omniprésents et même agressifs. Notre seule nourriture étant le poisson, mon ami Yves tire un thon qui va s'enrocher au fond, coinçant le câble dans un bloc de corail. Dans les deux ou trois secondes qui suivent, des requins arrivent du large, nous passent entre les jambes et foncent sur le poisson. Ils lui arrachent des croissants de chair sur le dos, et ainsi, le libèrent de la flèche qui le retenait prisonnier. Avant que nous ayons pu réagir, le thon gagne le large, le sommet du dos ouvert et nous sommes sidérés de voir les requins, au fond, le laisser partir, du moins tant que nous le verrons. Et chaque fois que nous pêcherons, car nous mangeons deux fois par jour, ce sera la même corrida avec des requins hargneux et d'une rapidité que nous ne leur avions pas connue jusqu'ici.

Nous allons explorer l'île du nord, où le boutre vient se mettre à l'abri pendant que nous gagnons à la nage un bloc de rocher situé sur le tombant, un peu au large. Un courant assez fort, qui nous empêchera de revenir, nous laisse épuisés lorsque nous y arrivons.

Mais en passant la pointe de ce sec, nous découvrons avec émerveillement un aquarium fabuleux dans lequel nagent, en bancs serrés, toutes les espèces. Des flots de liches se glissent entre les ailes des raies-manta qui se laissent porter par le courant. Un banc de thons argentés tournent dans le fond entre les rochers, à la poursuite des sardines qui tournoient, affolées. Et au bas du tombant, les requins rôdent lentement, prêts à intervenir. Puis tout à coup surgit un troupeau de dauphins, qui restera un long moment autour de nous. C'est une scène que j'ai rarement vue.

Nous n'arrivons pas à nous fatiguer du spectacle, et c'est le froid qui nous fera remonter sur les rochers pour appeler le boutre.
Le dhaw est un bateau très léger, pratiquement sans quille, très étroit, ce qui nous fait passer des nuits difficiles. Dormant à l'arrière, l'un contre l'autre, nous glissons sur le pont en pente, remués sans cesse par le clapot. Car la mer fait le tour de ces petites îles sans abri. Aussi sommes-nous pressés d'aller dans l'eau, trouver le calme et la fraîcheur.

Pendant ces huit jours, nous n'irons sur terre que quelques heures, et nos corps deviendront solidaires du mouvement perpétuel de la mer. Nous quittons avec regret ce vivier paisible pour nous enfoncer dans la nuit et dans la houle du sud, que fend parfaitement l'étrave pointue de notre bateau. Nous arrivons au port au petit jour, harassés, rentrons dans la ville endormie et pénétrons dans l'hôtel. Peu de temps après, nous voyons arriver Jean Legrain qui était descendu de nuit de Sanaa, ayant appris par le téléphone arabe que nous allions avoir des ennuis. En effet, le deuxième bureau yéménite, nous soupçonnant d'être des espions — notre insistance pour aller dans ces îles leur ayant paru louche — avait décidé de nous faire arrêter à notre retour. Quelques heures après notre arrivée, les policiers étaient allés saisir le bateau et interroger l'équipage. Il s'agit alors de récupérer tout le matériel et de pouvoir repartir pour Taez prendre notre avion. Nous passerons toute la journée dans l'hôtel, sans sortir, pendant que Jean Legrain téléphonera et télégraphiera à Sanaa aux plus hautes autorités. Finalement, comme toujours, tout s'arrange et le lendemain matin, accompagnés par notre ami et sauveur, nous reprendrons la route et rejoindrons de justesse l'aéroport de Taez.

Nous revenons à Djibouti où nous attendent nos compagnons. C'est la grande année des Daltons. L'équipe est au complet avec les deux beaux-frères, Patrice Rubini et Jean-Pierre Mathy. Nous retrouvons notre boutre « La Mer Rouge » avec son Nacouda « Salem », un sculptural Dankali, capable de rentrer le boutre au mouillage à la perche.

Nous quittons Djibouti le soir, couchons à Obock et après une journée de mer, Salem insiste pour que nous nous arrêtions à l'île de Fathma en face du port éthiopien d'Assab. A chaque voyage, ce sera la même comédie pour s'arrêter à cette île. Nous en comprendrons la raison l'année suivante, quand nous débarquerons à Massawa, en voyant dans les nombreux bars du port ces merveilleuses Ethiopiennes qui sont les courtisannes de la mer Rouge ; de même Assab est réputé pour la beauté de ses femmes et passe pour être le Monte-Carlo local.

Après une nuit mouvementée où une partie de l'équipage disparut pour saluer ses parents proches, nous reprenons la mer et après le déjeuner nous apercevons les premières îles, comprenant la petite et la grande Hanish, le Djebel Zukur — la plus grande île — l'île Tong et de nombreux îlots. Cet archipel sans nationalité depuis la disparition de l'Empire Ottoman a mauvaise réputation. Sauvage et inhabité, il sert de refuge aux individus en cavale. Aussi avions-nous amené quelques armes et un chien pour nous servir de garde la nuit ; nous ne verrons qu'un boutre cherchant l'ambre le long des plages et sur la grande île, un camp de pêcheurs de requins yéménites avec lesquels nous passerons une journée passionnante.

Nous avons mouillé à l'abri de l'île basse et monté notre camp le long d'un marigot entouré d'arbustes où nichent des milliers d'oiseaux de mer, des sternes. Voisinage qui nous procure d'excellentes omelettes au petit déjeuner. A partir de ce camp de base, nous allons pendant trois semaines explorer cet ensemble d'îles. Nous découvrirons de nombreuses épaves dressées sur les rochers dont certaines assez récentes. A la pointe est du Djebel Zukur, un cargo échoué sur la plage est devenu un magnifique vivier naturel.

La faune est très abondante et nous rencontrons de nombreux requins, de grosses loches et de très gros barracudas, dont certains font plus de deux mètres. A récif Parkins, en plongeant le long d'une épave, nous avons été entourés par un banc de barracudas, qui comptait au moins une centaine d'individus. C'était un jet de flèches traversant la mer. Des raies-Manta, souvent en groupe, défilent dans les chenaux. Mais l'endroit le plus passionnant, où nous reviendrons souvent, est l'île aux trois pointes, de son vrai nom Adder Ail. C'est un grand plateau semi-immergé, couvert de traces blanches de guano, entouré par trois pics. Cet îlot possède un petit lagon intérieur, dans lequel on trouve de nombreux coquillages.
A l'extérieur règne un fort courant, qui vous permet de faire le tour de l'île sans effort et d'apercevoir le

Le camp des pêcheurs de requins dans la Grande Hanish.

long des tombants une grosse loche qui sort de sa grotte à chaque passage, des thons argentés, effilés et assez plats, des bancs de carangues et de liches. Et des requins, car c'est l'île aux requins. Nous les verrons toujours omniprésents et nombreux. Depuis l'habituel requin des récifs, le triaénodon, jusqu'au gros *longimanus* et même des requins-tigres, que nous avons été chercher sans succès à l'île Tong.

Je suis témoin de plusieurs incidents qui prouvent la complexité du comportement des requins et confirment qu'il faut toujours se méfier de leurs réactions. Pour pouvoir les filmer de près, j'avais organisé une mise en scène classique. Toute l'équipe était adossée à la paroi du corail et les chasseurs tiraient des poissons pour les faire monter. Le scénario marchait bien et je filmais les requins venant enlever les poissons blessés qu'on leur jetait. Tout à coup, mon sixième sens m'avertit d'un danger ; je me retourne pour voir arriver tout doucement dans notre dos un magnifique requin de trois mètres qui avait fait le tour par la plage, dans un demi-mètre d'eau. Je réussis à donner l'alerte et la bête passe entre nous pour gagner le large. Que se serait-il passé, si nous n'avions pas fait face, personne ne peut le dire.

Tous les plongeurs qui ont approché les requins se sont rendus compte qu'il faut leur faire face et qu'ainsi, s'établit un équilibre, semblable à l'équili-

Dépeçage des requins.

bre de la terreur, bien connu du monde moderne. Tout individu qui extériorise sa peur et prend la fuite détruit cet équilibre et devient une proie. Par contre, le fait de les charger réussit parfois à les éloigner.

Cependant des études ont récemment prouvé que certains requins ne sont pas migrateurs et vivent sur un territoire. Dans ce cas, l'insistance d'un plongeur ou d'un photographe devient une menace pour lui et suscite l'attaque.

J'ai assisté le long de cet îlot à une scène surprenante. Dans une espèce de crique peu profonde, les requins avaient l'habitude de venir tourner, cherchant une proie. Un de mes amis plonge et tire sur un requin, juste derrière la tête. La flèche ne rentre pas et fait juste un impact. Le requin s'arrête, se retourne et reste sur le sable, le ventre en l'air. Dans les quelques secondes qui suivent, un autre requin arrive du large, fonce vers la bête qui semble morte, la frôle une ou deux fois. Et je vois, stupéfait, le requin se retourner et les deux animaux partir ensemble côte à côte, vers le bleu.

Un requin que l'on rencontre couramment dans les eaux peu profondes, le Triaenodon obesus.

a	c
b	d

a Les pêcheurs prennent les requins dans des filets appâtés avec des morceaux de poissons.

b Deux carangues qui portent la découpe en forme de croissant qu'occasionne la mâchoire des squales.

c Dépeçage en premier de l'aileron supérieur réputé pour ses vertus aphrodisiaques.

d Vie d'un camp de pêcheurs de requins yéménites.

Ayant rendez-vous avec le bateau de la Marine, nous remontons sur le Djebel Zukur et, en passant devant la grande baie semi-fermée du Sud, nous rentrons par curiosité. C'est ainsi que nous tombons sur le camp des pêcheurs de requins. Lors de nos séjours aux îles Seba (Sept Frères), nous avions rencontré à plusieurs reprises des pêcheurs de requins yéménites qui traversaient le détroit de Bab el-Mandeb sur de petites embarcations à voile triangulaire. Mais ici, nous sommes en présence d'un camp de base, avec un groupe important comprenant un chef parlant assez bien l'anglais, des équipes de pêche, et du personnel pour traiter la pêche.

Dans la crique, bien à l'abri, cinq dhaws à l'étrave effilée et aux couleurs vives, sont ancrés.

Chaque équipe a son nacouda ainsi que son dépeceur et semble s'occuper de sa propre pêche ; le camp offre une image très curieuse ; des grands tas de sel blanc, des bidons noirs, des trous dans le sol qui sont des fûts enterrés dans lesquels ils font du feu.

Des abris formés de nattes attachées sur des madriers en bois et un abri plus grand et fermé, la case du chef. Partout, des surfaces où sont étendus pour sécher, soit des morceaux de viande, soit des ailerons. Et au milieu de chaque camp de séchage, une poutre avec des objets en métal, des bidons vides, reliés par une longue corde aux yéménites étendus à l'abri de leur tente. C'est leur moyen ingénieux de mettre en fuite les mouettes à distance. Seule concession au modernisme, des bidons d'eau en plastique.

Dans un abri à part, des tas de farine avec laquelle les cuisiniers font les galettes qui sont cuites sur les feux de bois. C'est la seule nourriture avec les poissons pêchés.

Une intense activité règne dans ce camp entre les dépeceurs, les saleurs de viande, les cuisiniers et les enfants qui portent les morceaux de requins sur les lieux de séchage. Les restes non utilisables allant aux dépotoirs, situés derrière des rochers. Le tout survolé par des centaines de mouettes hurlant et plongeant pour voler les morceaux de choix.

Ces pêcheurs yéménites viennent ainsi passer deux à trois mois à l'époque de la renverse des vents, en mai. Ils partent le soir sur des lieux qu'ils connaissent parfaitement, parfois à plusieurs milles des îles, et mouillent de longs et étroits filets dans lesquels ils ont attaché des morceaux de poissons.

Le lendemain à l'aube, ils vont relever ces filets dans lesquels ils ramassent les squales attirés soit par les poissons, soit par leurs congénères déjà pris.

Généralement, ils remontent les requins morts, noyés et parfois à moitié mangés. Ils semblent sortir en moyenne trois à quatre bêtes par filet. Les bateaux rentrent et viennent s'échouer jusque sur la plage où ils débarquent leurs prises sous les cris des mouettes.

Une grande partie des habitants du camp vient s'asseoir le long du rivage pour voir les trancheurs débiter les requins en un temps record. Ils coupent d'abord la tête qui sera emmenée avec les déchets par les enfants, puis, ils tranchent les parties précieuses : ailerons supérieurs, deux nageoires pectorales et la queue.

Ces ailerons seront empilés à part, puis le corps est découpé en morceaux longs et plats qui seront salés et mis à sécher au soleil.

Le foie est placé dans de grands fûts en tôle ; l'endroit où sont stockés ces bidons est une décharge où règne une odeur pestilentielle.

L'ensemble des éléments rentables du requin sera ramené à Mokha pour l'exportation vers l'Orient et le Moyen-Orient. La peau est utilisée parfois en gainage sous le nom de « galucha ». Les mâchoires des grands sujets sont vendues ainsi que les dents. Le foie représente l'élément le plus apprécié. Très riche en vitamines, il peut représenter jusqu'au quart du poids total du requin. Haché, puis mis à bouillir, il donne une huile riche suivant les espèces, de 3 500 à 100 000 UIVA (Unité Internationale de Vitamine A). Il a été constaté que les requins de surface et de mers chaudes donnent des foies moins gros et moins riches en vitamines que les requins des profondeurs ou des mers froides. La chair salée fait l'objet d'un commerce assez important. En Egypte, dans les villages, on vend des morceaux de requins, à côté des poissons-perroquets séchés. Aux Indes, le « Kedgerre », plat typique, se prépare avec des morceaux de requin, du riz, des pois, des oignons et une sauce épicée. Le « requin d'alimentation » se négocie sur la base de 1 500 francs la tonne séchée. L'aileron supérieur ou dorsal est vendu à part (les marchands vantent ses vertus aphrodisiaques) ; longuement travaillés, les autres ailerons font le bonheur des cuisiniers chinois.

Les pêcheurs que nous avons vus capturent douze à quinze requins par jour et par bateau. Ce qu'ils tirent d'un seul squale s'élève à environ 60 francs. C'est peu pour le travail correspondant, mais c'est un revenu dans un pays où les ressources sont rares.

L'observation des conditions de vie en mer Rouge, du besoin de protéines des populations voisines, donne à penser que cette pêche pourrait être largement développée et que, finalement, le seigneur requin pourrait contribuer de façon assez positive à la lutte contre la malnutrition de vastes régions maritimes subtropicales.

Nous passerons trois semaines extraordinaires à explorer chaque île, à voir vivre ce monde sous-marin, parfois cruel, où tout individu passe sa vie à chasser pour survivre.

A l'aube, les prédateurs se mettent en route pour chercher leur proie, les liches commencent à tourner autour des promontoires où se réfugient les bancs de sardines, les murènes se faufilent à travers les coraux, en quête d'un poisson endormi, et cela jusqu'au soir, où, la paix étant revenue, les coquillages sortent de leur trou et étalent sur le sable leur parure munificente. Et au petit matin, lorsque tous ensemble, nous allons nous laver dans l'eau cristalline de notre crique, nous réalisons que nous venons de connaître une nouvelle joie de vivre, face à la beauté et à la pureté de la nature.

Requin (Triaenodon obesus)

Requin-marteau (Sphyrna lewini)

les îles du cap vert

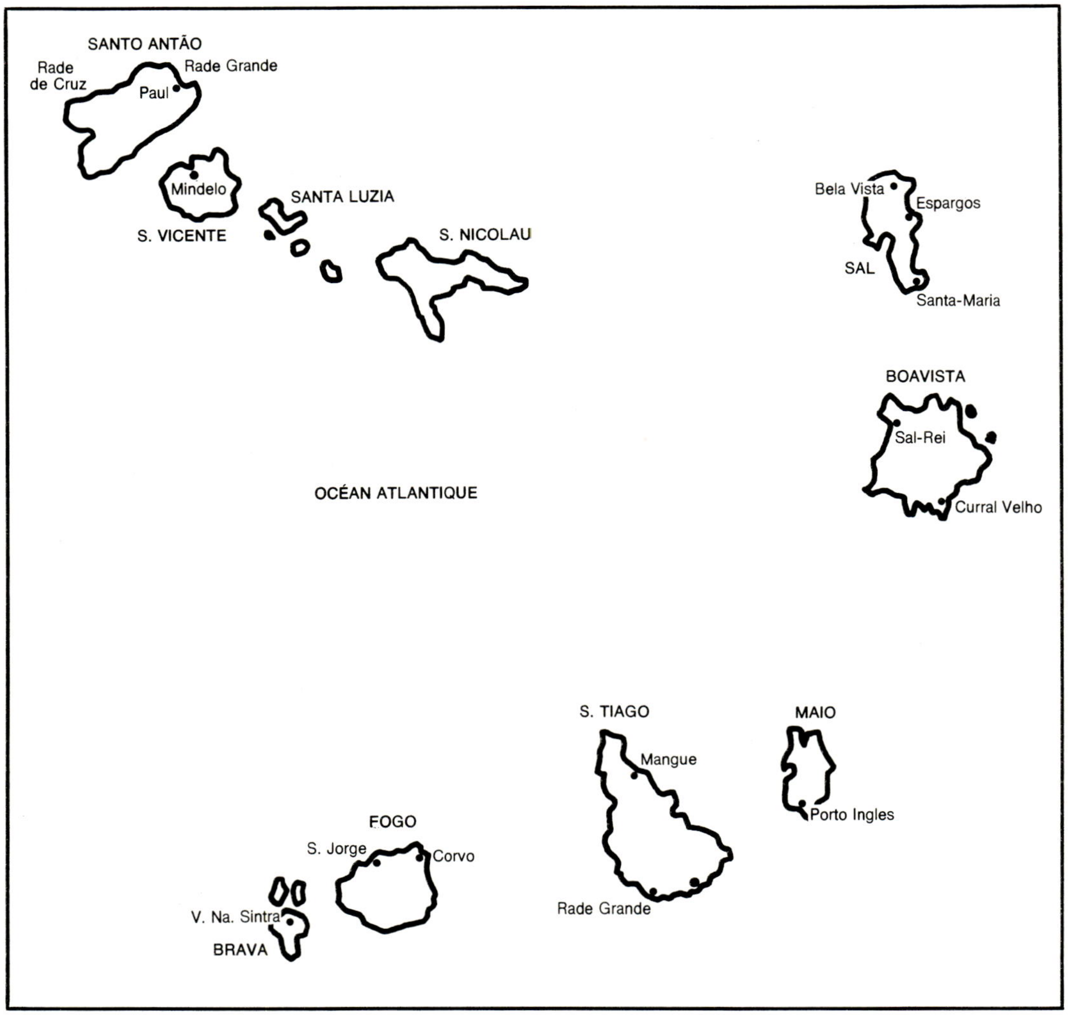

L'archipel est situé dans l'océan Atlantique à 500 km de la côte africaine. Sa position entre les trois continents bordant l'Atlantique en fait une plaque tournante. Les dix îles et les cinq îlots qui le composent sont répartis en deux groupes, nommés d'après le vent dominant, l'alizé du nord-est :
Les Barlovento constitués par les îles de San Antao, Sao Vicente, Santa Luzia, Sao Nicolau, Boa Vista, Sal où se trouvent l'aéroport et les îlots de Branco et Raso.
Les Sotavento comprenant les îles de Maio, Santiago, Fogo, Brava et les îlots Grande, Luis Carneiro et Sagrado.
La population, qui compte près de 300 000 habitants, est en partie créole d'origine africaine (Guinée). Situé dans la zone intertropicale, l'archipel a un climat océanique avec la période la plus chaude en septembre et la moins chaude (21°) en février.

Liaisons aériennes

L'île do Sal, plaque tournante, voit passer les avions de nombreux pays. Le Portugal assure les liaisons avec l'Europe.
Une compagnie intérieure, la TACV, réalise les vols entre les différentes îles. Les liaisons par bateaux existent également et sont effectuées par des goélettes. Le port principal de Mindelo à Sao Vicente reçoit les gros navires ainsi que le port de Praya à Santiago.
Le tourisme est basé sur la pêche sous toutes ses formes, en bateau ou sous-marine. Un équipement hôtelier sommaire permet de découvrir le charme des îles à la végétation tropicale.

Principales curiosités

Santiago : la ville de Praya, capitale de l'archipel, offre l'image d'une ville de province avec ses promenades et ses remparts ; non loin, on peut voir les ruines de la première ville des tropiques : Cidade Velha.
Paysages intérieurs d'élevage et d'agriculture.
Brava : couverte d'une végétation abondante, cette île est un havre de repos, excellent pour la pêche sous-marine.
Fogo : l'île des contrastes ; d'un côté une montagne en forme de demi-lune surmontée d'un volcan, et de l'autre une riche vallée intérieure, telle une coulée de verdure, produisant à profusion tous les fruits tropicaux.
Sao Vicente : l'île la plus importante avec la grande baie formant le port naturel de Porto Grande devant Mindelo, la capitale. Une ville pittoresque avec ses maisons de couleurs vives, ses églises baroques et sa mini-tour de Belem.
Santa Antao : une île fertile avec des sites d'une grande beauté. Le village de pêcheurs de Tarrafa est à visiter. Lieu de pêche excellent, célèbre par ses mérous géants ou loches.
Ile do Sal : l'aéroport a permis une implantation touristique avec des hôtels et un complexe sur la plage de Santa Maria. La plage de Palmeira est fréquentée par les équipages en escale. A visiter les salines de Pedra Lume, exploitées dans le cratère d'un volcan. La mer, riche en langoustes, est intéressante pour la pêche sous-marine.
Un archipel plein de charme qui demande beaucoup de temps pour être exploré valablement.

les maldives

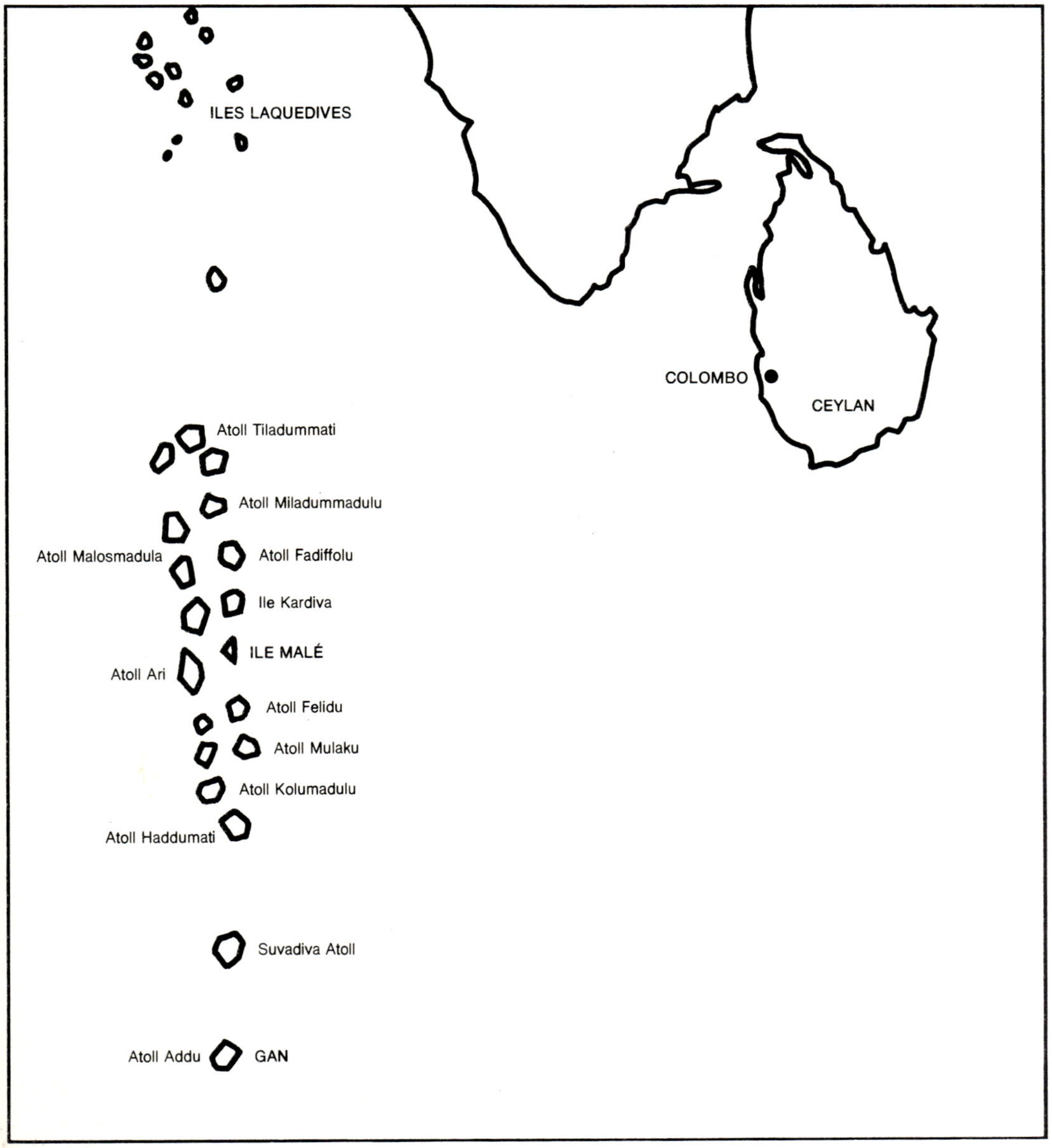

L'archipel des Maldives, situé à environ 750 km au sud-ouest de Ceylan, comprend 2 000 îles rassemblées en 19 atolls coralliens.
Il s'étend sur 800 km du nord au sud pour une largeur de 130 km. De petites îles couvertes de palmiers et bordées de plages blanches émergent de lagons aux eaux turquoise, entourées par le bleu intense de l'océan Indien.
L'atoll de Male offre un immense lagon dont les bords se sont effondrés, laissant par endroits des îlots couverts d'une végétation tropicale.
L'aéroport d'Hullule a été constitué par la réunion de 2 îlots voisins, travail auquel a participé toute la population. L'île principale, Male, abrite les services administratifs, ainsi qu'un marché très pittoresque donnant directement sur le port des pêcheurs.
Soumis au cycle de la mousson, le climat est doux et chaud. La meilleure saison s'étend de septembre à fin avril ; les eaux sont transparentes et chaudes de 23 à 27°.

Liaisons aériennes
De nombreux vols des compagnies UTA, Swissair, Air India, Air Ceylan, font escale à Colombo, capitale de l'île de Ceylan.
Un service d'Air Maldives fait la liaison avec l'aéroport d'Hullule. Une autre possibilité est offerte par Air India qui assure, au départ de Bombay, des vols en jets.

Hôtels
Plusieurs îles se sont équipées pour le tourisme et offrent des bungalows disséminés dans la nature. Ce sont : Bandos, Kurumba, Baros et Villingili. Bandos possède des bungalows en dur avec tout le confort sanitaire, ventilation et terrasse privée. De plus, cette île est équipée d'un centre de plongée important dont le fonctionnement est parfait.

Activités
Les îles, couvertes d'une végétation tropicale, sont cerclées d'anneaux de sable fin posés sur des eaux cristallines. La baignade et la promenade dans les petits fonds sont la base d'une vie de détente et de repos. On peut louer des bateaux pour visiter les îles voisines, dont l'île des pêcheurs Tulaagini, faire du ski nautique, plonger en bouteille dans des fonds vraiment merveilleux, visiter l'île de Male dont les magasins sont très pittoresques, rechercher les coquillages, partir en promenade sur les dhonys, les bateaux à voile des pêcheurs.

Curiosités
La première et la principale : la diversité et la beauté des fonds sous-marins. Les coquillages qui sont nombreux dans ces îles. La pêche sous-marine est interdite.
Dans l'île de Male, il faut voir les maisons de couleurs, le jardin botanique, l'ancien palais, le cimetière très intéressant par la sculpture des tombes, le marché, surtout le marché aux poissons où l'on peut voir arriver de magnifiques sailfish. Les boutiques le long du port où l'on trouve mille choses à acheter.

les grenadines

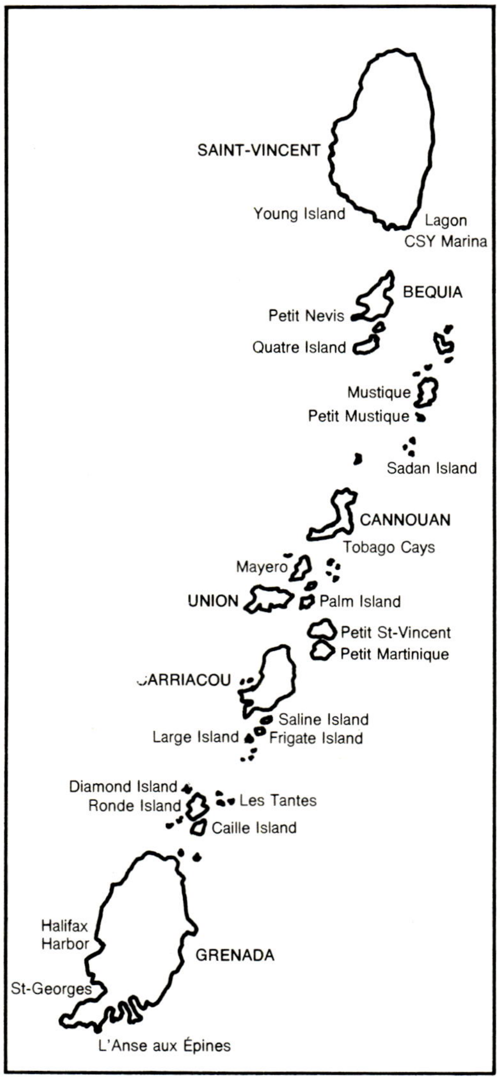

Les plus belles îles des Petites Antilles sont situées entre Saint-Vincent et Grenade dont elles dépendent. A une heure de vol au sud de la Martinique, elles offrent une côte exposée à l'alizé et l'écume de l'Atlantique et une côte abritée et calme bordée par la mer des Antilles. Elles ont pour nom du Nord au Sud :
Bequia, Petit Nervis, Moustique, Cannouan, Mayero, Union, Palm Island, Petit Bateau, Petit Rameau, Morpion, Petit Saint-Vincent, Petit Martinique, Carriacou ; rattachées au Commonwealth britannique, elles connaissent une indépendance récente.
On y parle anglais et on paye en dollar BW (Biwi) qui vaut la moitié du dollar américain.
Le climat est chaud et ensoleillé, parfois coupé d'averses.
La meilleure époque se situe de novembre à juin, en principe tempérée et sèche.
La saison chaude, de juillet à novembre, amène des pluies et parfois même des cyclones ou des coups de vent violents.

Liaisons aériennes
Pour Fort-de-France en Martinique : Air France (service quotidien de Paris continuant sur Caracas, Bogota, Lima, Santiago).
Pan Am : trois vols par semaine de Miami ou New York avec escale à San Juan.
Air Canada : vol de Montréal et Toronto avec correspondance à Antigue.
La Liat, ligne aérienne locale, offre deux vols par jour de Puerto Rico à Grenade.
Pour rejoindre les Grenadines directement, il faut louer un avion-taxi qui atterrit sur la piste d'Union.

Hôtels
Sur Moustique, île entièrement privée, l'hôtel Cotton House est très luxueux.
Bungalows sur Palm Island, île de rêve aménagée par John Caldwell.
Hôtel bien aménagé sur Petit Saint-Vincent.
La solution idéale pour visiter
les Grenadines est le bateau ; soit un bateau de charter que l'on peut louer par des agences à partir de n'importe quelle grande ville du monde. Il y a trois cents bateaux qui font du charter dans les Caraïbes.
Il est possible également de louer des voiliers que l'on trouve tout équipés, prêts à partir.
Il existe des forfaits comprenant voyage avion et séjour bateau (voilier), certains avec équipage.
De grands paquebots, tels que le De Grasse ou l'Angelina, font des croisières classiques à travers la mer des Caraïbes.

Activités
La principale est le farniente avec baignades et plongées dans des eaux chaudes et turquoise. La vie consiste à aller de crique en crique pour découvrir ces îles, à pique-niquer dans une baie abritée, à organiser des barbecues de langoustes ou parfois à descendre dans un petit port pour boire le fameux punch.

Curiosités
BEQUIA : île de marins qui fabriquent de merveilleuses maquettes de bateaux ; un restaurant typique le « Whaleboner ».
PETIT NERVIS : on y trouve les derniers pêcheurs de baleine et leur matériel.
CHATAM BAY : un mouillage magnifique entouré d'un décor de végétation luxuriante dont le calme n'est troublé le soir que par les bruits des tarpons chassant les bancs de sardines.
MORPION : trois palmiers perchés sur une bosse de sable blanc.
TOBAGO CAYE : le but de tous les touristes - à voir avec soleil - des eaux limpides et turquoise qui abritent de magnifiques coraux.
PALM ISLAND : l'occasion d'un déjeuner dans le club, le long d'une plage de sable éclatant de blancheur. Pour ceux qui aiment voir les fonds sous-marins, il faut mouiller dans la baie d'Hilsboro devant Sandy Island : dans deux mètres d'eau, le plus beau Disney World sous-marin.
Pour les plongeurs, au large de Carriacou, un lieu réputé pour sa faune de requins : le « Vietnam »

pulau seribu

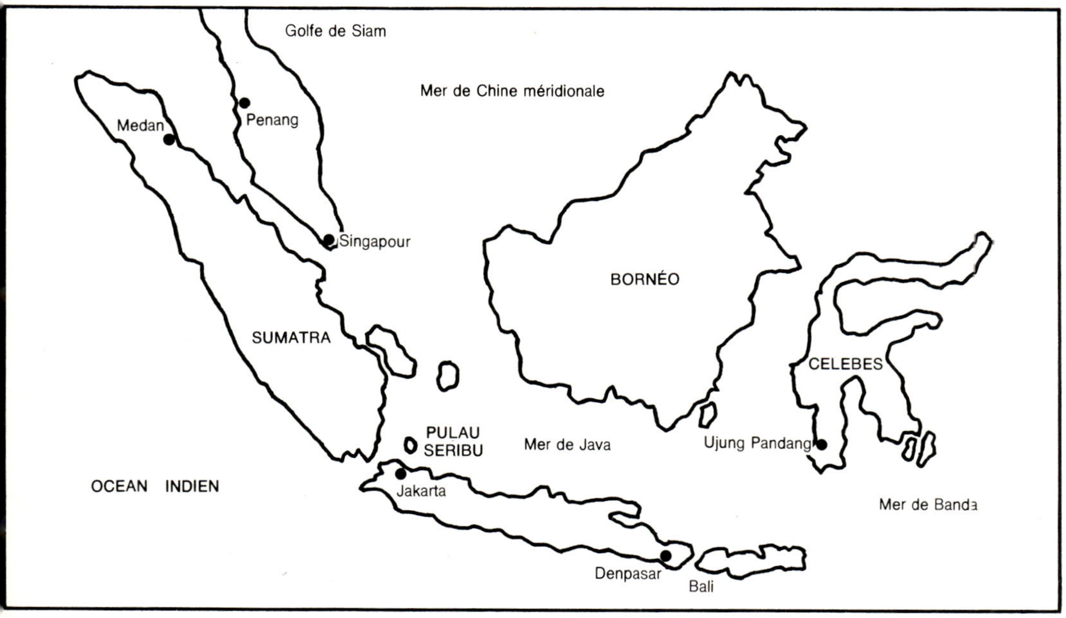

A deux cents kilomètres au large de Jakarta, dans la mer de Java, Pulau Seribu « l'archipel aux mille îles » représente en réalité quelques centaines d'îles posées sur un haut plateau sablonneux.
Une seule, Pulau Putri, est aménagée en un centre de loisirs et de repos.
Elle offre une végétation tropicale avec des plages de sable fin bordées de barrières de coraux. Les habitants sont des pêcheurs et d'excellents marins qui parlent un peu l'anglais. D'une extrême gentillesse, ils possèdent le sens très raffiné de l'hospitalité orientale.
Le climat est soumis au rythme des moussons.
La meilleure saison s'étend de mai à octobre. Visa nécessaire, vaccin de la variole et du choléra.

Liaisons aériennes
La compagnie UTA offre quatre vols par semaine sur Jakarta sur des DC 10 avec un service parfait. La compagnie indonésienne GARUDA assure les vols internationaux et les liaisons intérieures.
Une ligne privée Pelita Air Service dessert Pulau Seribu avec des sky-van bimoteurs.

Logements
L'aménagement hôtelier de Pulau Putri comprend des cottages et des bungalows avec service, parfaitement dispersés dans la nature. Un restaurant décoré à l'orientale offre une excellente nourriture avec les plats typiques du pays. Un centre de plongée loue des équipements et assure le gonflage des bouteilles.

Activités
C'est avant tout un centre de détente où la vie s'écoule dans le calme et la beauté de la nature. Les eaux sont chaudes et transparentes. La baignade et la promenade dans les massifs de coraux peuvent se compléter par la recherche des coquillages très nombreux. On peut louer des barques locales à voile qui vous emmènent sur les îles voisines.
La pêche est une des distractions avec les pique-niques sur les plages désertes à l'ombre des palmiers.
Ce séjour de repos dans la nature peut s'accompagner d'un circuit dans les merveilles de l'Indonésie.
A partir de Jakarta de nombreux hôtels, dont le très luxueux Borobodur, offrent une halte dont il faut profiter pour visiter la ville et le merveilleux port des voiliers.
Un premier vol pour Yogyakarta où l'on découvre les temples de Prambanau, Pawon et Mendut. Et surtout l'une des sept merveilles du monde, le temple de Borobodur avec ses étonnants bas-reliefs et ses stupas en forme de cloches.
L'étape suivante est Bali, immense jardin tropical où la beauté et la danse s'épanouissent.
Dans le lagon de Sanur, des hôtels de luxe : Bali Beach, Sanur Beach, Bali Hyatt.

Les excursions à ne pas manquer :
Le lac Batur situé dans le cratère d'un volcan, au milieu de rizières. Le temple Kehen à Bangh, le temple Besakih sur les pentes du volcan Agung. Les villages d'artisans (qui travaillent l'or, l'argent, le bois et la peinture) Celuk, Batuan, Mas, Ubud, Celuk.
La grotte de l'éléphant de Bedulu. Le temple Tamam Ayun à Mengwi.
Une autre étape amène aux Célèbes, à Ujung Pendang. Ces îles sont connues depuis l'Antiquité pour leurs merveilleux voiliers qui assurent le transport des bois précieux dont le fameux Makassar. Il faut aller à Rantepao pour découvrir le pays Toradja où les coutumes ancestrales survivent encore, avec le fameux culte des morts, dont l'effigie sculptée en bois prend place dans des cimetières suspendus.
A cette occasion, des fêtes somptueuses se déroulent pendant des semaines avec des défilés et des sacrifices de buffles.
Ancestrale domination des familles nobles sur les paysans et les esclaves.
Pour ceux qui aiment l'aventure, l'île de Komodo avec ses varans légendaires et carnivores qui n'hésitent pas à s'attaquer à l'homme.

la polynésie française

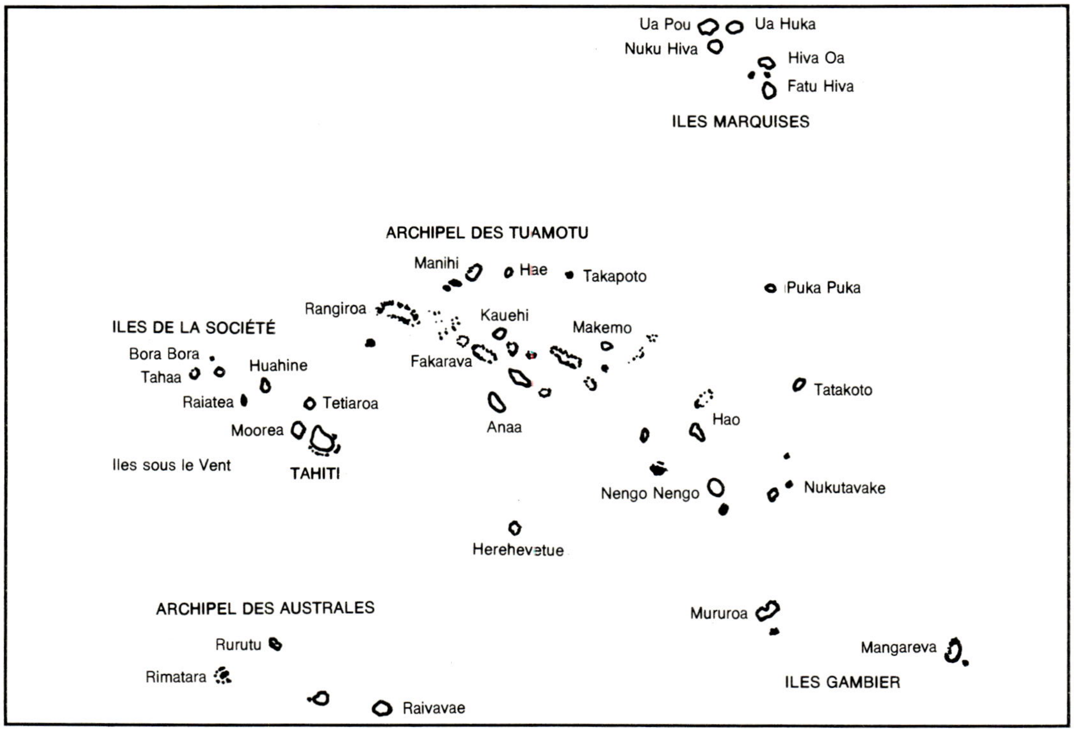

S'étendant sur 4 000 km² de terres émergées pour une surface équivalente à l'Europe (sans la Russie), la Polynésie est composée de 130 îles réparties en cinq archipels : les îles de la Société (dont Tahiti, l'île la plus importante), les Tuamotu, les Marquises, les Gambiers et les Australes.
Papeete, la capitale, compte 30 000 habitants, soit la moitié de la population de Tahiti qui se situe à mi-chemin (environ 6 000 km) entre l'Australie et les États-Unis.
L'ensemble de la population polynésienne, à 80 % d'origine Maori, représente 120 000 personnes.
Le climat, subtropical, est ensoleillé et tempéré par les alizés du Pacifique. La saison chaude, de décembre à mars, est humide avec des pluies fréquentes.
La température varie de 35 à 37° ; de mars à novembre, le climat est plus sec et plus frais, maximum 27°.

Liaisons aériennes

Deux compagnies aériennes françaises (UTA et Air France) desservent Tahiti, soit par la route des Indes, soit par Los Angeles.
Les autres liaisons internationales sont effectuées par Air New-Zealand, Lan Chile, Japan Airlines, Pan American, et Quantas.
Les liaisons intérieures, réalisées par Air Polynésie, desservent les îles suivantes : Moorea, Huahine, Raiatea, Bora Bora, Maupiti, Rangiroa, Manihi, Takopoto, Tubuai Hiva Oa et Ua Huka.
Des compagnies privées et des avions-taxis assurent certains vols à la demande.

Hôtels

Tahiti possède une infrastructure hôtelière importante, comprenant une quinzaine d'hôtels, dont les plus luxueux sont le Maeva Beach et le Travelodge.
Moorea : offre sept hôtels de bungalows en plus du Club Méditerranée et du nouveau Kia Ora village.
Bora Bora : deux hôtels bungalows et une annexe du Club Méditerranée.
Huahine et Raiatea ont chacune un hôtel bali Hai (bungalows sur pilotis).
Rangiroa : le plus grand atoll des Tuamotu, avec son lagon de 1 000 km², possède un hôtel-village de toute beauté : le Kia Ora, magnifiquement situé dans une végétation luxuriante le long du lagon.
Manihi : dans ce centre de culture des perles baroques, Coco Chaze a créé un ensemble de bungalows très réussis, certains sont sur le lagon avec vue sur les eaux par un sol en partie en verre.
Dans le reste des îles, ou atolls, il faut se loger chez l'habitant dont la gentillesse n'a d'égal que le sens de l'hospitalité.

Loisirs

Toute la joie de vivre dans un décor de rêve, des eaux chaudes et transparentes, baignade, promenade en bateau, snorking, plongée, chasse sous-marine, ski nautique, pêche à la ligne et à la traîne en bateau, pique-nique dans les lagons, voile.
Orchestre et danses tahitiennes typiques.
Promenade en bateau à fond de verre.

Curiosités

TAHITI : tour de l'île avec visites au tombeau du roi Pomaré, la pointe de Vénus, le musée de la Découverte, le Trou du Souffleur, les cascades de Faaruamai, les grottes de Maraa, le temple d'Arahurahu.
Très bon restaurant avec vue sur la route du Mont Orohena.
MOOREA : bien que proche de Tahiti, très différente ; des pics, des vallées profondes avec une belle végétation. A visiter : l'église de Pao Pao, peintures murales. La baie de Cook et celle d'Opunohu, Roto Nui, point de vue panoramique dans la montagne. Les eaux du lagon sont très claires et chaudes.
BORA BORA possède un des plus beaux lagons dominé par les pics du Pahia et du Temanu. Merveilleuses promenades en pirogue à voile et à balancier.
A Vaitape, la tombe d'Alain Gerbault.
RANGIROA : visite du lagon avec l'île aux Oiseaux, le village Maori, la passe de Tiputa.
MANIHI : visite sous-marine du lagon, pour voir les fermes d'élevage des huîtres perlières.
HIVA OA : Au village d'Atuona, la visite du cimetière en fleurs où est enterré Gauguin.

l'île maurice

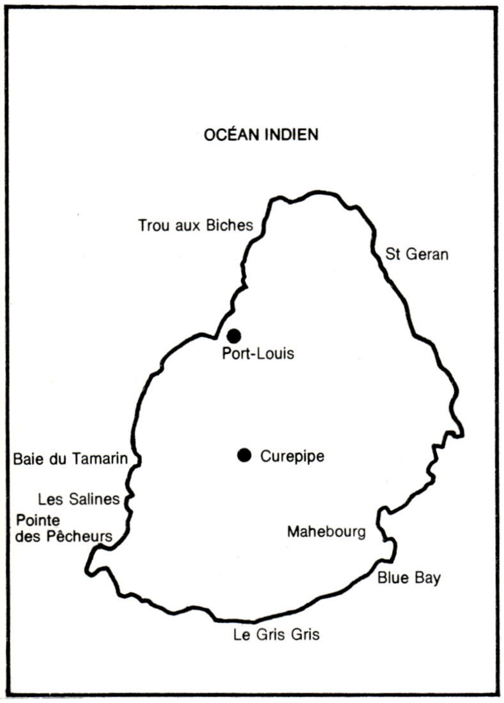

En plein océan Indien, proche du tropique du Capricorne, à 2 400 km à l'est de l'Afrique, l'île Maurice s'étend de 65 sur 48 km, avec de nombreuses plages de sable fin entourées de récifs de corail. Au centre, un plateau de 580 mètres d'altitude entouré de pics dépassant 800 mètres. Trouvée inhabitée, il y a trois siècles et demi par les Européens, tour à tour hollandaise, française, anglaise, indépendante depuis le 12 mars 1968, l'île rassemble 850 000 habitants d'origine africaine, indienne et chinoise. Les deux langues principales sont le français et l'anglais.
Bénéficiant d'un climat subtropical ne dépassant pas 35°, l'île offre une végétation luxuriante toute l'année. Les meilleures époques sont avril, juin, septembre et novembre.
La saison chaude allant de novembre à avril, moyenne 27°, la saison froide, de mai à octobre, moyenne 22°.

Liaisons Aériennes
Air Mauritius au départ de Londres via Nairobi
Air France de Paris via Djibouti, Nairobi, La Réunion
Air India de Bombay
Alitalia de Rome via Nairobi
British Airways de Londres via Addes Abeba, Seychelles
Lufthansa de Frankfort via Le Caire, Dar es-Salam
Quantas de Sydney via Melbourne
Saa de Johannesburg
Liaisons également avec la Zambie et le Kenya.
Les liaisons par bateaux font escale à Port-Louis, capitale et seul port de l'île.
Vaccin de la variole obligatoire.

Hôtels
L'infrastructure hôtelière bien développée comprend de nombreux hôtels, outre le Club Méditerranée, le dernier en date le Saint Geran, le Merville équipé d'un centre de plongée, le Trou aux Biches, le Dinarobin, le Belle Mare plage.
De nombreux pays programment dans leurs tours des voyages avec possibilités de locations de voitures et de bateaux.

Activités
Baignade dans les eaux tièdes et transparentes des lagons. Découverte des merveilles du monde des coraux.
Ski nautique. Tennis. Golf. Equitation. Voile avec location de bateaux à Grande Baie, visite des îlots voisins. Pêche au gros.
En été, on pêche au sud-ouest de l'île, le thon, la becune et l'espadon. Le club de pêche de Morue a établi un record avec un espadon de 450 kg.

Curiosités
L'île offre aux touristes de nombreux endroits à visiter :
- Port-Louis : la capitale avec ses statues, ses jardins, son marché aux fruits et aux légumes, ses collections de coquillages.
- Le jardin de Pamplemousses : parc immense avec ses variétés de palmiers et de nénuphars géants.
- Curepipe : ville située sur la partie la plus élevée du plateau central, avec ses vieilles maisons et son jardin botanique.
- Chute Rochester : située à Souillac, des cascades qui ont sculpté les laves basaltiques.
- Le Trou aux Cerfs : cratère éteint de plus de 200 mètres de diamètre avec une vue panoramique de l'île.
- Grand Bassin : cratère grandiose d'un volcan éteint, constitue l'un des 2 grands lacs naturels. Lieu de pèlerinage de la fête indoue du Maha Shivaratree.
- Plaine Champagne : point de mire du plateau central descendant jusqu'aux gorges de la rivière Moire avec des forêts abritant les dernières espèces d'oiseaux.
- Terre de Couleurs : cendres volcaniques mises à nu par l'érosion et colorées en ocre, violet et rouge.

De nombreuses plages de sable fin se trouvent autour de l'île avec un lagon bordé de filaos et de cocotiers et portent des noms évocateurs : Tamarin, Baie du Tombeau, Grande Baie, Peyrebere, Cap Malheureux, Grand Gaube, Roches Noires, Bella Mare, Baie Bleue. Les amateurs de coquillages y trouvent de nombreuses espèces. Des restaurants locaux offrent une cuisine créole épicée et une cuisine chinoise adaptée. Les grands hôtels pratiquent également la cuisine internationale traditionnelle.

l'australie

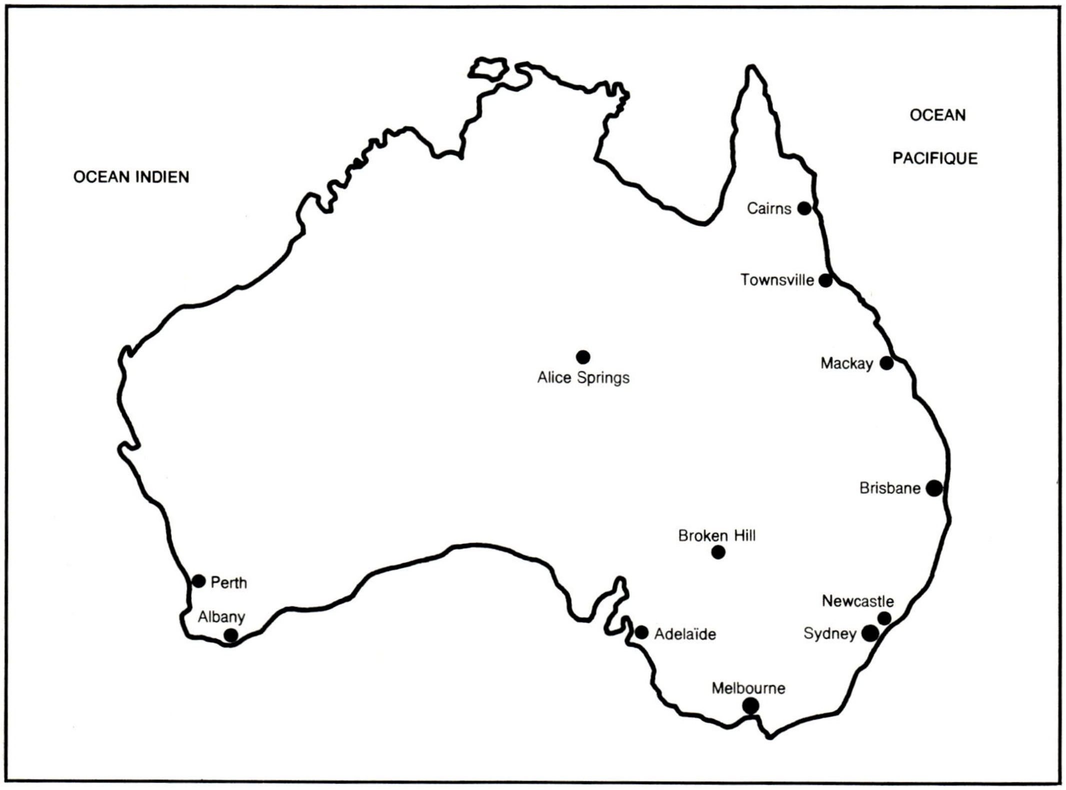

Un continent de 7 682 300 km², situé dans l'hémisphère austral et baigné par l'océan Indien et l'océan Pacifique. Traversée par le tropique du Capricorne, l'Australie est constituée par un grand plateau continental offrant au centre une dépression. La partie Est et Sud-Est offre des chaînes de montagnes dont le plus haut sommet, le mont Kosciuske atteint 2 226 mètres.
Peuplée de 13 millions d'habitants, ce pays offre des contrées désertes au Centre et au Nord où vivent encore à l'âge de pierre les aborigènes.
Par contre Sydney, métropole des Nouvelles Galles du Sud, offre l'image d'une ville moderne, avec une architecture d'avant-garde remarquable.
Le quartier du port avec ses buildings ultra-modernes est un témoin de l'architecture contemporaine dont le fleuron est le célèbre opéra de Sydney, construit sur la mer.

Le climat est tropical dans la moitié Nord, et tempéré dans la moitié Sud.
Les saisons sont inversées par rapport à nous. Les températures de juillet, au cœur de l'hiver austral, vont de 24° à 10° au Sud, tandis qu'en été, soit en janvier, elles varient de 30° dans le Nord à 20° dans le Sud.

Liaisons aériennes

UTA offre de Paris quatre vols par semaine dont deux vols directs pour Sydney, avec escale à Bahrein, Djakarta ou Singapour.
Quantas, ligne internationale australienne, offre des départs de Londres.
Liaison par hélicoptères pour Heron et Hayman Islands.
Les lignes intérieures, TAA et Ansett, assurent les vols entre les différentes villes, vols dont les trajets peuvent atteindre 3 000 km, comme Brisbane-Darwin ou Sidney-Perth.

La Grande Barrière de Corail

Constituant le plus grand rassemblement de coraux vivants, unique au monde, cet immense récif naturel a été décrété Park National depuis juin 1975.
La fragilité écologique et les atteintes portées à son équilibre physiologique ont amené sa protection et sa surveillance.
Un comité de scientifiques et d'officiels a été créé pour superviser la sauvegarde et l'évolution de cette barrière.
Le public peut y avoir accès à des endroits déterminés qui sont équipés pour recevoir les touristes.
Les villes de base sont :
Gladstone pour Heron Island
Rockhampton pour Keppel Island
Mackay
Townsville pour Palms Island
Cairns pour Green Island
Poserpine pour Hayman Island
Cooktown pour Lizard Island.
Centre de loisir type : Heron Island. Situé à une demi-heure d'hélicoptère de Gladstone.
L'aménagement hôtelier comprend des bungalows et des suites avec tout le confort moderne, restaurant, club, bars.
Nourriture parfaite, fraîche et abondante avec de nombreux buffets et pique-niques d'excursions.

Activités

Baignades dans les eaux chaudes et le monde du corail.
Classée réserve naturelle, l'île du Heron offre une nature à découvrir que ce soit sur terre avec les animaux, surtout les oiseaux, l'exploration du récif à marée basse, mais aussi sous l'eau avec les différents points de plongée : le « Bommie », Coral Gardens, Gorgonian Hole, Blue Pool, Niggerhead, Wistari Reef. L'île voisine « One Tree Island » offre avec certaines autres voisines, l'occasion d'une journée de pique-nique.
Un centre de plongée parfaitement équipé et dirigé par Walter et Jean Deas, peut procurer tout le matériel nécessaire à la plongée ou l'exploration avec palmes.
Des bateaux peuvent être loués pour des excursions ou la pêche à la ligne.
La pêche sous-marine est interdite.

le yémen

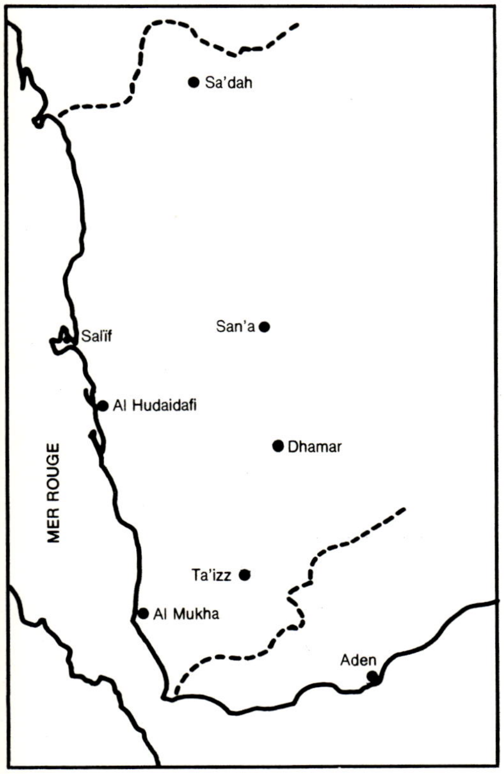

Situé le long de la côte orientale de la mer Rouge, le Yémen, naguère fermé à l'Occident, ouvre au tourisme la vision d'un pays à la civilisation millénaire. Il se compose d'une grande partie plate le long de la mer et d'une grande plaine entourée de hauts plateaux montagneux. La plaine de Tehama, large de 40 à 70 km, s'étend le long de la mer Rouge et a une zone de moyens plateaux entre 500 et 1 500 mètres précédant la grande plaine de Sanaa, entourée de hauts plateaux atteignant 3 770 mètres à Nabi Chuyab.
Le climat est chaud et humide le long de la mer et devient sec et rigoureux à l'intérieur.

Liaisons aériennes

Les Yémen Airlines ont des vols réguliers avec Aden, Djibouti, Jeddah, Koweit, Le Caire, vers les villes principales du Yémen : Sanaa, Taez, Hodeida.
Les communications intérieures se font par trois routes principales qui relient ces villes entre elles. Ces routes traversent les montagnes dans des décors magnifiques, longeant des ravins, traversant des rivières parfois à gué.
On trouve des hôtels dans les trois principales villes et un club luxueux près de Taez, le « Green Valley Club », créé par des yéménites de Djibouti.

Les principales curiosités sont :

Sanaa, la capitale, ville ancienne aux nombreux minarets, entourée d'un mur d'enceinte percé de grandes portes en bois. L'architecture des maisons, ancêtres des buildings modernes, offre des constructions de 4 à 6 étages en brique, décorées d'ornements en plâtre d'une grande richesse.
Les mosquées sont à visiter, ainsi que les souks qui exhalent les parfums de l'Orient.
Mareb, ancienne capitale de la Reine de Saba, se situe à 182 km de Sanaa dans les plateaux de l'est. Elle offre les vestiges d'une des plus grandes civilisations de l'Antiquité, dont il ne reste que des colonnes, les ruines du barrage et du temple de Bilquis. Des statues en bronze et en albâtre, aux yeux ornés de pierres précieuses, sont rassemblées dans un musée à Sanaa. Elles apportent le témoignage de la richesse de cette civilisation.
Taez, deuxième ville du Yémen, au centre de moyens plateaux, offre les mêmes demeures ancestrales, ainsi que le Palais du dernier Roi et de ses lions.
Au nord de Sanaa, sur la route qui monte vers les hauts plateaux, deux petites villes au charme ancien, Amran et Khamer, dont l'architecture des maisons en pierre est remarquable.
Près de Sanaa, il faut visiter Rawda, qui recèle un ancien palais de l'Iman et surtout le Whadi Dar, un merveilleux palais perché sur un gigantesque bloc de pierres et entouré d'une oasis de verdure dans une plaine de pierres.
Quelques petites villes comme Djibla ou Beit el-Fakih, célèbre marché, donnent un aspect insolite de ce pays fascinant.
Hodeida, ancien grand port de Commerce, vit de sa splendeur passée. Plus au sud, Moka, petit port pittoresque, abrite les pêcheurs yéménites, les grands marins et navigateurs de la mer Rouge. Le peuple yéménite est d'une grande gentillesse et possède au plus haut degré le sens de l'hospitalité orientale.

Nous remercions pour leur collaboration :

Monsieur PLESSIS,
Maître de Conférences, Sous-Directeur de Laboratoire au Muséum,
spécialiste d'ichtyologie générale et appliquée

Monsieur CHEVALIER,
Directeur de recherche au CNRS, spécialiste des coraux

Monsieur RICHARD,
de l'École pratique des Hautes Études Scientifiques et du muséum d'Histoire Naturelle,
spécialiste des coquillages.

La Compagnie UTA & AIR POLYNÉSIE
dont l'aide et la coopération ont permis la réalisation de ce livre.

La Compagnie AIR FRANCE

AIR MÉLANÉSIE

Tous les documents photographiques ont été réalisés à partir de films Kodak :

KODAK EKTACHROME X 64
KODACHROME II
KODACHROME 25
KODACHROME 64

Et pris au moyen des appareils :

NIKON F2 ET NIKKORMAT EL
OBJECTIFS : 20, 55 ET 105 MICRO NIKKOR, 400.
ZOOM NIKKOR 28-45 ET 80-200.
NIKONOS II & III.
OBJECTIFS : 15-28-35-80.
NIKON F DANS UN BOÎTIER OCÉANIC PRODUCTS.

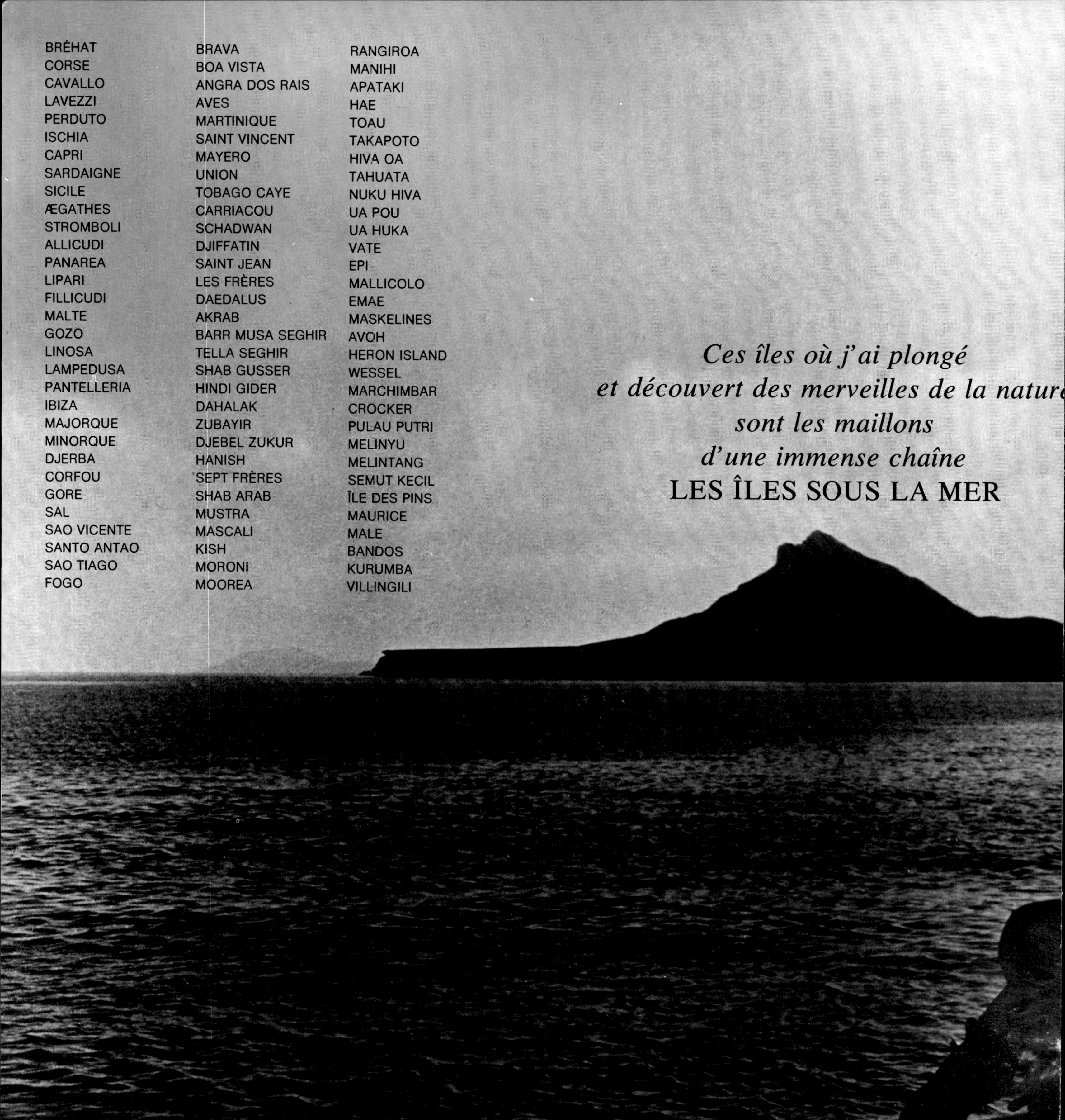

BRÉHAT
CORSE
CAVALLO
LAVEZZI
PERDUTO
ISCHIA
CAPRI
SARDAIGNE
SICILE
ÆGATHES
STROMBOLI
ALLICUDI
PANAREA
LIPARI
FILLICUDI
MALTE
GOZO
LINOSA
LAMPEDUSA
PANTELLERIA
IBIZA
MAJORQUE
MINORQUE
DJERBA
CORFOU
GORE
SAL
SAO VICENTE
SANTO ANTAO
SAO TIAGO
FOGO

BRAVA
BOA VISTA
ANGRA DOS RAIS
AVES
MARTINIQUE
SAINT VINCENT
MAYERO
UNION
TOBAGO CAYE
CARRIACOU
SCHADWAN
DJIFFATIN
SAINT JEAN
LES FRÈRES
DAEDALUS
AKRAB
BARR MUSA SEGHIR
TELLA SEGHIR
SHAB GUSSER
HINDI GIDER
DAHALAK
ZUBAYIR
DJEBEL ZUKUR
HANISH
SEPT FRÈRES
SHAB ARAB
MUSTRA
MASCALI
KISH
MORONI
MOOREA

RANGIROA
MANIHI
APATAKI
HAE
TOAU
TAKAPOTO
HIVA OA
TAHUATA
NUKU HIVA
UA POU
UA HUKA
VATE
EPI
MALLICOLO
EMAE
MASKELINES
AVOH
HERON ISLAND
WESSEL
MARCHIMBAR
CROCKER
PULAU PUTRI
MELINYU
MELINTANG
SEMUT KECIL
ÎLE DES PINS
MAURICE
MALE
BANDOS
KURUMBA
VILLINGILI

Ces îles où j'ai plongé
et découvert des merveilles de la nature
sont les maillons
d'une immense chaîne
LES ÎLES SOUS LA MER

achevé d'imprimer
le 15 novembre 1978
sur les presses de
DRAEGER
maître imprimeur
à paris

D.L. 4-1978 - I. 7655 - E. 6947